Katharina Maehrlein

Erfolgreich führen mit Resilienz

Ich danke

meinem Vater, der irgendwie doch immer an mich glaubt,

meinen Töchtern **Irina** und **Elena,** die alles Menschenmögliche getan haben, um mich während der Schreibphase zu entlasten,

Heidi Lensing, der besten Geschäftspartnerin und Freundin, die man sich nur vorstellen kann, sie stärkt mir den Rücken und ist mir unersetzlich,

Pawel Jatczak, von dem ich immer wieder entscheidende Dinge für mein Leben lerne und der mir sehr wichtig ist,

Silke Senftleben, Michaela Schreiber, Veronique Mieschke und **Silvia Köhler,** Freundinnen fürs Leben, die immer ein offenes Ohr haben und mich in schwierigen Phasen aufmuntern,

Gisela Bräuninger, die mir das Leben gerettet hat,

Kurt Homberger und **Thomas Wolfer** für den inspirierenden Gedankenaustausch beim Schreiben.

Katharina Maehrlein

Erfolgreich führen mit Resilienz

Wie Sie sich und Ihre Mannschaft gelassen durch Druck und Krisen steuern

GABAL

Bibliografische Information der Deutschen Nationalbibliothek

Die Deutsche Nationalbibliothek verzeichnet diese Publikation in der Deutschen Nationalbibliografie; detaillierte bibliografische Daten sind im Internet über http://dnb.d-nb.de abrufbar.

ISBN 978-3-86936-669-2

2. Auflage 2016

Lektorat: Anja Hilgarth, Herzogenaurach
Umschlaggestaltung: Martin Zech, Bremen | www.martinzech.de
Umschlagfoto: Dar 07 | iStock
Autorenfoto: © T. W. Klein, Wiesbaden
Illustrationen: © Susanne Bauermann, München | www.susanne-bauermann.de
Satz und Layout: Lohse Design, Heppenheim | www.lohse-design.de
Druck und Bindung: Salzland Druck, Staßfurt

www.gabal-verlag.de

Inhaltsverzeichnis

Vorwort

Oft wird über den sogenannten Zeitgeist gejammert, meistens war dann „früher alles besser". Doch es gibt auch Entwicklungen des Zeitgeistes, die eine Befreiung, ein höheres Maß an Menschlichkeit und damit mehr Leistungsvermögen erwirken. So die wenn auch nur langsam zunehmende Öffnung unserer Arbeitswelt für die Erkenntnis, dass Gefühle nicht nur eine Realität sind, sondern auch ihren wichtigen und gewichtigen Platz am und um den Arbeitsplatz haben. Der Mensch ist immer ein Dreiklang aus Körper, Geist und Seele, auch wenn viele dies dank einer jahrzehntelang stark übertriebenen Rationalismusgläubigkeit vergessen zu haben scheinen.

Früher nannte man es die Moral der Truppe, heute sagen wir eher Firmenkultur dazu. In Zeiten des demografischen Wandels, einer Beschleunigung von Arbeitsprozessen durch Digitalisierung und Internet sowie einer steigenden Vernetzung werden die weichen Faktoren immer wichtiger für den Erfolg, sowohl des Unternehmens als auch des Einzelnen.

Firmen, die eine gute, menschenorientierte Kultur haben, sind nicht nur beliebte Arbeitgeber, sondern können auch viel besser und schneller aus Erfahrungen und besonders Fehlern lernen, wohl eine der Schlüsselkompetenzen für Erfolg in unserer Zeit.

Viele internationale Mergers sind an der angeblichen Unvereinbarkeit von (Unternehmens-)Kulturen gescheitert.

Wer die Herausforderung Unternehmenskultur nicht begreift oder begreifen will, der managt am Menschen vorbei. Früher, in der Welt 2.0, als es vornehmlich um Rationalisierung von Prozessen ging, in denen Menschen innerhalb von Unternehmen Maschinen zuarbeiteten, mag dies die richtige Antwort gewesen sein. Doch heute, in einer Welt mit exponentiell gestiegenen Komplexitäten, werden zunehmend neue Antworten verlangt.

Heute stehen wir vor großen Herausforderungen. Welche neuen Antworten sind wir bereit zu entwickeln? Welchen Mut haben wir, diese neuen Antworten auszuprobieren, an ihnen zu wachsen und auch, wenn nötig, Irrtümer, Fehler und Sackgassen auszuhalten?

Hier trifft der alte Erkenntnis zu: „Die Treppe wird von oben gekehrt." Heute sind Führungskräfte gefragt, die mit sich im Einklang sind, die über eine gewisse Resilienz verfügen, um diese neuen Wege der Unternehmensführung zu sehen, zu erkunden und schließlich zu leben. Veränderung ist immer auch eine Chance, alles Alte auf den Prüfstand zu stellen: so den eigenen Führungsstil, das „Wie gehe ich mit mir selbst um?" und das „Wie ist mein Umgang mit anderen Menschen?".

Katharina Maehrlein ist es in ihrem Buch gelungen, neue Ideen und Antworten aufzuzeigen, Führungskräften Mut zu machen, sich den Weg zu dieser Resilienz zu ebnen. Konkrete Beispiele und wertvolle Hinweise und Übungen zeigen, wie wichtig es ist, sich selbst und seine Bedürfnisse ernst zu nehmen, die eigenen Kraftquellen zu erkennen, um dann auch den Mitarbeitern gegenüber aufmerksam sein zu können, ihnen den Rücken zu stärken und auch deren Resilienz zu fördern. Resilienz ist kein Selbstzweck, sondern wird zu einem wichtigen Mittel, die berufliche Realität zu gestalten und als Sieger vom Platz zu gehen.

In diesem Sinne wünsche ich Ihnen viel Spaß beim Lesen des Buches und beim Leben Ihrer neuen (und mancher alten) Antworten.

Walter Kohl

Das ist Fakt

„Wenn man seine Ruhe nicht in sich findet, ist es zwecklos, sie andernorts zu suchen.“

François de La Rochefoucauld

Nach einer Studie der Deutschen Angestellten-Krankenkasse stieg die Zahl seelischer Erkrankungen am Arbeitsplatz zwischen 1997 und 2004 um 70 Prozent. Entsprechend schnellte die Zahl der psychisch bedingten Fehlzeiten im gleichen Zeitraum um mehr als zwei Drittel in die Höhe. Zehn Prozent aller Ausfalltage in der deutschen Wirtschaft gehen auf das Konto seelischer Belastung. Angstzustände und Depressionen sind die vierthäufigste Krankheit am Arbeitsplatz und werden nach EU-Schätzungen in 15 Jahren in den Industriestaaten auf Platz zwei vorgerückt sein. Seelenleiden stehen als Ursache von Frühverrentung an erster Stelle.

Vor diesem Hintergrund erscheint die These von SPIEGEL-Autor Jörg Blech, die er in seinem Buch *„Die Psychofalle – wie die Seelenindustrie uns zu Patienten macht“* aufstellt, fast zynisch: „Psychologen und Psychiater bauschen die Verbreitung seelischer Leiden systematisch auf.“ Ein auf diesem Buch basierender Artikel auf Spiegel online vom 3. April 2014 führt aus, dass die Zahl psychisch Kranker in Wirklichkeit nicht gestiegen ist.

Blech verweist auf Analysen, die seit 1947 in den westlichen Ländern dieser Welt durchgeführt wurden und die sich nicht mit Diagnosen, sondern mit der tatsächlichen Verbreitung von seelischen Störungen befassen, zusammengetragen aus medizinischen Datenbanken von Epidemiologen des Universitätsklinikums Münster. Aus diesen geht klar hervor, dass die psychischen Störungen seit dem 2. Weltkrieg nicht zugenommen haben, dass die Zahl der Suizide sogar stetig abnimmt. Die Lebenszufriedenheit der Menschen in der westlichen Welt hat seit 1947 leicht zugenommen und ist seitdem auf gleichem Level geblieben.

Fakt ist: Viele fühlen sich am Arbeitsplatz unwohl

Ich habe schon vor Jahren Studien mit ähnlicher Aussage gelesen und war schon damals nicht erstaunt: Ich denke, es ist durchaus möglich, dass Blech recht hat. Heißt das aber im Gegenzug, dass es womöglich gar kein Problem gibt? Können wir uns entspannt zurück- und die Hände in den Schoß legen?

Nein! Auch wenn viele derjenigen, die von Ärzten krankgeschrieben werden, korrekterweise nicht der Zahl der psychisch Kranken zugerechnet werden dürften, fühlen sich doch zunehmend mehr Menschen an ihrem Arbeitsplatz so unwohl, dass sie tagtäglich davon träumen, alles hinzuwerfen, auszusteigen, sich selbstständig zu machen, auszubrechen aus dem ungeliebten Hamsterrad. Und die einen Arzt finden, der sie krankschreibt …

Fakt ist: In den letzten 17 Jahren, in denen ich mittlerweile über 20.000 Führungskräfte trainiert und gecoacht habe, habe ich Folgendes erlebt:

1. Viele Führungskräfte haben schlicht keine Lust mehr auf ihre Arbeit, sie resignieren und denken darüber nach, wie sie mit einer möglichst hohen Abfindung „rauskommen".
2. Sie klagen darüber, dass ihre Mitarbeiter ständig ausfallen und oft wochenlang krankgeschrieben sind – wegen psychischer Belastungen.
3. Sie ärgern sich, dass sie keine Handhabe haben, einen Lowperformer „anzupacken", weil sich dieser dann gleich mit wochenlanger Krankschreibung verabschiedet und/oder sie vor den Betriebsrat schleift.

4. Und ich bekomme mindestens zweimal im Monat von einem Coachee erzählt, dass sein Arzt bei ihm eine Depression diagnostiziert hat!

Gerade diese Diagnosen machen mich jedes Mal sauer, denn ich bin im psychiatrischen Fach ausgebildet, bin Tochter einer Psychiaterin, habe jahrelang in der Psychiatrie gearbeitet und erkenne, wenn jemand krankheitswertige Anzeichen zeigt. Und oft gehören die Coachees nicht dazu.

Der Letzte, der mir von seiner ärztlich bescheinigten Depression erzählte, war schlichtweg niedergeschlagen, weil man ihn per Mail ohne persönliche Ansprache aus seinem Büro in ein weit kleineres „hineindegradiert“ hat. So hat er es zumindest empfunden. Natürlich war er bestürzt und verletzt, wer wäre das nicht in so einem Fall …

Wie Jörg Blech glaube ich nicht, dass diese Menschen alle wirklich krank sind. Dem eben genannten Coachee habe ich gesagt: „Lassen Sie sich nicht irremachen, Sie sind einfach nur ein wenig down. Das ist ganz normal; es ist eine normale menschliche Anpassungsleistung, mit der Sie jetzt diese Geschichte verdauen. Sogar die Siri vom iPhone weiß, dass Traurigkeit zum Leben gehört und nicht gleich eine Depression ist.” („Siri“ ist übrigens der persönliche Sprach-Assistent auf den jüngeren Generationen von iPad, iPhone und iPod – wenn Sie mögen, probieren Sie es mal aus und sagen Sie zu Siri: „Ich bin so traurig.“ Dann antwortet sie entweder mit einem Witz: „Treffen sich zwei iPhones … Hilft das?” Oder: „Wenn ich es richtig verstehe, gehört Traurigkeit zum Leben“ oder: „Hör dir doch zur Aufmunterung etwas Musik an.“) Recht hat sie!

Aber ganz so einfach scheint es nicht zu sein, denn Fakt ist auch: Ärzte schreiben krank, Mitarbeiter verdünnisieren sich, die Führungskräfte und die Unternehmen haben das Nachsehen.

Es ist mittlerweile normal geworden, dass fast jeder von „Stress“ spricht, von Belastung und Lustlosigkeit. Das hat zwar nichts mit einer psychischen Erkrankung zu tun, hat aber trotzdem fatale Folgen: Ich kenne keine einzige Führungskraft, die tatsächlich bis zur Rente alles gibt! Und es ist mir ehrlich gesagt vollkommen gleichgültig, ob sie jetzt wirklich krank ist oder nicht, in jedem Fall geht ihre Leistungslust verloren, und das ist für sie selbst schade und kostet außerdem jedes Jahr Unsummen.

Führungskräfte stehen unter extrem hohem Druck

Führungskräfte müssen spezifische Belastungen meistern; vor allem der

- starke Erfolgs- und Zeitdruck,
- die erwartete ständige Erreichbarkeit, die Reisetätigkeit über Zeitzonen hinweg und
- der fehlende Ausgleich in der Freizeit

werden laut einer Studie der Deutschen Gesellschaft für Personalführung (DGFP) aus dem Jahr 2011 für die spezifische Beanspruchung von Führungskräften verantwortlich gemacht. Durchaus belastend auch:

- immer wieder noch ein zusätzliches Projekt,
- unklare Zuständigkeiten,
- ständige Restrukturierungen und
- Change-Prozesse an allen Ecken und Enden.

Unter besonders starkem Druck, nämlich unter Druck von allen Seiten, stehen dabei die **Führungskräfte in den sogenannten Sandwich-Positionen** – diejenigen, die noch Vorgesetzte über sich haben, Kollegen neben sich und Mitarbeiter unter sich. In der Zusammenarbeit mit den Menschen in Positionen über, unter und neben sich gilt es, deren Belange im Blick zu behalten und dabei seine eigenen nicht zu vernachlässigen.

Darüber hinaus muss sich die Führungskraft von heute und morgen zunehmend weiteren Herausforderungen stellen:

- Sie muss den noch ungewohnten Forderungen der Kollegen und Mitarbeiter, die zur „Generation Y", also den etwa ab 1980 Geborenen, gezählt werden, gerecht werden,
- die zum Teil anspruchsvollen Bedürfnisse der Generation 50 plus erfüllen
- und, heute fast schon Alltag, virtuelle Teams führen.

Fakt ist: Wir alle brauchen Gestaltungsfreiheit

Sie als Führungskraft erleben es tagtäglich: Langweilig ist Ihnen nicht! Und während Sie zahlreiche Prozesse zeitgleich überwachen und abarbeiten, bleibt kaum noch Zeit für all das, was Ihnen auch noch wichtig wäre: Einfluss nehmen, gestalten und etwas bewirken, Mitarbeiter entwickeln – nein, dafür bleibt kein Platz. Da stellt sich manch einer die Sinnfrage: Wozu das Ganze? Immer keine Zeit haben, um der eigentlichen Führungsaufgabe nachzukommen, keine wirklich greifbaren Ergebnisse, mit denen man sich identifizieren könnte – es wird ja im engeren Sinne auch nichts wirklich erarbeitet.

Das Tagesmanagement hat keine Luft, aber die Führungsaufgabe braucht diese Luft. Gefangen in diesem Dilemma, taucht schnell der Wunsch auf, sich der Bürde zu entledigen, um endlich Gestaltungsfreiheit zu erleben.

Ist „Downshifting" die Lösung?

Ich habe mit vielen Führungskräften gesprochen, denen „Downshifting" als der einzige Ausweg erschien: Lieber weniger Geld verdienen, lieber auf den Dienstwagen, die hierarchische Position und all die erarbeiteten Vergünstigungen und Absicherungen verzichten und Schafzüchter oder Coach werden. Hauptsache, endlich mehr Gestaltungsspielraum bekommen, greifbare Ergebnisse produzieren und wieder Sinn im eigenen Tun sehen.

Oder sie suchten das Glück ausschließlich in der Freizeit – wenn die denn nur ausreichend vorhanden wäre ... Dabei gerät in Vergessenheit, dass es ein Irrtum ist, zu glauben, dass uns Freizeit glücklicher macht als Arbeit. Denn freie Zeit ist auch nur dann eine gute Zeit, wenn wir sie sinnvoll nutzen. Warum nicht unsere Arbeit, mit der wir den größten Teil des Tages verbringen, so gestalten, dass sie wieder zu einem zufriedenen Leben beiträgt? Damit sie unsere Fähigkeiten zur Geltung bringt und uns Identität, Anerkennung und Sinn vermittelt. So, wie wir uns das vorgestellt haben, als wir voller Idealismus als Führungskraft gestartet sind.

Verstehen Sie mich nicht falsch, es kann durchaus Sinn machen, es mit Downshifting zu versuchen, und sowohl Schafe züchten als auch die Arbeit als Coach kann sehr erfüllend sein. Aber Sie gehen damit ein erhebliches Risiko ein: Manch einer muss nach dem Neustart feststellen, dass er im gleichen Maße unzufrieden und unter Druck ist wie zuvor auch. Nicht selten sogar noch mehr als zuvor.

Die Lösung liegt in uns selbst – und in diesem Buch

Und: Warum in die Ferne schweifen? Das Gute liegt so nah!

Ganz gleich, wie die Situation bei Ihnen gelagert ist, egal ob Sie allen oder nur einigen der oben genannten Beanspruchungen ausgesetzt sind, Sie haben eine noch weitgehend unbekannte Kraft in sich, die Sie für sich nutzbar machen können: Resilienz.

Dieses Buch zeigt Ihnen, wie Sie durch den Aufbau von Resilienz unabhängig von den Umständen werden, lenkt den Blick auf Lösungen, die persönlich beeinflussbar in jedem Einzelnen selbst liegen, und macht Lust, die spezifischen Anforderungen frisch anzupacken und bisher unentdeckte Handlungsspielräume zu erobern.

Was erwartet Sie in diesem Buch?

Im ersten Drittel des Buches zeige ich Ihnen anhand eines drastischen Fallbeispiels, wie Sie all die kleinen und großen Hindernisse, Zwänge und Steine, die Ihnen im täglichen Arbeitsalltag begegnen und Ihnen den Weg erschweren, identifizieren und sich ihrer bewusst werden. Nur wer erkennt, was ihn belastet, kann dagegen angehen.

Im zweiten Drittel liegt der Schwerpunkt auf Ihnen selbst, der Führungskraft: Wie können Sie Ihre persönliche Resilienzfähigkeit ausbauen und für Ihren Erfolg und Ihre Zufriedenheit am jetzigen Arbeitsplatz nutzen?

Immer wieder weisen zahlreiche Studien darauf hin, dass der entscheidende Faktor zur Gesunderhaltung von Mitarbeitern in der Führungsqualität liegt. Deshalb bekommen Sie im letzten Drittel des Buches konkrete Hinweise, wie Sie Ihr frisch erworbenes Wissen in Ihrer Führungspraxis umsetzen und Ihre Mitarbeiter dabei mit Resilienz gesund erhalten: Was können Sie dazu beitragen, dass diese ihre Leistungslust und Lebenskraft erhalten oder zurückbekommen?

Dazu bekommen Sie:

- viele praxisnahe und konkrete Tipps, damit Sie jeden Tag ein wenig mehr innere Kraft und Resilienz aufbauen,
- zahlreiche Übungen, Checklisten und Tests zur Selbsteinschätzung, die dafür sorgen, dass Sie Ihre Zufriedenheit am jetzigen Arbeitsplatz erhalten oder wiederfinden,
- eine ganze Schatzkiste voll mit Kraftnuggets; das sind zum einen Denkanstöße und zum anderen Miniübungen, die Ihnen und Ihren Mitarbeitern schnell und einfach eine Extraportion Kraft geben und die Sie problemlos ohne zusätzlichen Zeitaufwand in Ihren (Arbeits-)Alltag einbauen können.

Ich sehe meine Aufgabe darin, Ihnen, liebe Leser, möglichst pragmatische Ideen anzubieten, wie Sie emotional und mental so fit bleiben oder werden, dass Sie gerne einen guten Job machen. Denn auf jeden Fall braucht es mehr als das Fazit: „Aha, wenn der ‚Spiegel' das schreibt, dann ist ja alles gar nicht so schlimm."

Alles, was Sie hier lesen, ist in der Praxis erprobt und von Hunderten von Seminarteilnehmern und Coaching-Klienten für nützlich befunden worden. Möge es auch Ihnen nützlich sein! Ich freue mich darauf, Sie ein Stück auf Ihrem Weg zu noch mehr innerer Kraft zu begleiten!

Lassen Sie uns gleich loslegen!
Ihre

Taunusstein, im Frühjahr 2015

1 Führungskraft braucht innere Kraft

„Wer kämpft, kann verlieren. Wer nicht kämpft, hat schon verloren.“

BERTOLT BRECHT

Immer wieder setzt er sein Taschenmesser an, vergeblich. Es ist zu stumpf, um die Knochen zu durchtrennen. Also nutzt er die Hebelwirkung des Felsens und biegt seinen Unterarm so lange, bis Elle und Speiche endlich brechen. Die Schmerzen sind extrem. Eine Stunde lang schneidet er, bis er es endlich geschafft hat: Der Arm ist abgetrennt.

Es ist der 26. April 2003, als der Extremkletterer Aron Ralston nach einer Party zu einer kleinen Canyonwanderung loszieht. Wohin er geht, sagt er niemandem, schließlich hat er schon ganz andere Situationen gemeistert: ein selbst gestecktes Ziel, die Besteigung aller 59 Viertausender in Colorado, hat er zu diesem Zeitpunkt schon fast erreicht.

Alles läuft gut wie immer, bis sich in einer Spalte des Canyons plötzlich ein Fels löst und ihn mit sich reißt. Er steckt fest, sein rechter Unterarm ist eingeklemmt.

Ralston versucht, den fast 400 Kilogramm schweren Stein zu bewegen. Keine Chance. Er versucht, den Stein mit seinem einfachen Klappmesser zu zerkleinern. Vergeblich. Nach einem Tag ist seine Hand mangels Blutzirkulation abgestorben. Aron Ralston denkt zum ersten Mal an Amputation. Bald beginnt er unter Wasser-, Nahrungs- und Schlafmangel zu halluzinieren. Nach fünf schlaflosen Tagen und Nächten, unterkühlt und fast verdurstet, sieht Ralston in einer Vision seinen künftigen Sohn.

Mit seinem möglichen Tod konfrontiert, überdenkt er sein Leben und ruft sich Erinnerungen an Freunde und Familie ins Gedächtnis, für die er Abschiedsvideos mit seinem Camcorder dreht. Er bricht sich seinen Unterarm, amputiert ihn sich und seilt sich mit einer Hand 20 Meter ab. Nach einem knapp 13 Kilometer langen Fußmarsch wird er von anderen Wanderern gefunden und per Hubschrauber gerettet. Die Hand bleibt in der Wand.

1.1 Zwischen welchen Brocken stecken Sie fest?

Warum erzähle ich Ihnen Ralstons Geschichte? Aron Ralstons Verhalten ist eine extreme Handlung unter extremen Umständen. Die Situationen, die Sie als Führungskraft erleben, sind meist weniger extrem, aber auch Führungskräfte stecken häufiger, als sie es sich wünschen, in gewisser Weise fest, eingeklemmt zwischen ihren Idealvorstellungen und den Realitäten ihres Führungsalltags. Und alles, was sie tun, um sich zu befreien, scheint die Sache nur noch zu verschlimmern.

Manche Führungskräfte fühlen sich eingeklemmt, weil sie trotz aller Bemühungen den Aufstieg in die nächste Hierarchieebene nicht schaffen, andere müssen sich enttäuscht eingestehen, dass dort, wo sie jetzt sind, der Weg für sie zu Ende ist. Wieder andere leiden darunter, nicht so viel Einfluss nehmen zu können, wie sie sich das wünschen würden, oder die Verantwortung für die Mitarbeiter lastet auf ihnen so schwer wie ein Stein.

Entdecken Sie innere und äußere Brocken …

Was auch immer es bei Ihnen ist: Um loszukommen, müssen Sie sich keine Körperteile amputieren und auch in der Regel keine körperlichen Höllenqualen erleiden, wie Ralston sie durchstehen musste. Aber Sie müssen sich – genau wie der Extrembergsteiger – Ihrer Situation und den damit verbundenen schwierigen Gedanken und Gefühlen stellen. Auch Sie müssen sich innerlich eng mit dem verbinden, was Ihnen im Leben etwas bedeutet, und sich mit den eigenen Sehnsüchten, Träumen und Werten auseinandersetzen, wenn Sie die Felsbrocken beiseiteräumen möchten, die Sie davon abhalten, einen wirklich guten Job zu machen und dabei zufrieden und erfüllt zu sein. Denn außer den Steinen, die uns so manche ungeliebte Arbeitsbedingung in den Weg legt, liegen einige Brocken in uns selbst und steuern unbemerkt unser Handeln, wenn wir uns das nicht klarmachen.

Aber nur wenn Sie Ihr Handeln bewusst steuern und sich selbst führen, werden Sie Ihre Führungs-Kraft steigern können. Nicht umsonst hat bereits in den 1960er-Jahren Peter Drucker, ein Vorreiter der Managementlehre, formuliert, dass für Führungskräfte zunächst die eigene Wirksamkeit im Vordergrund stehen muss. Anders gesagt: Nur wer sich selbst führen kann, kann andere wirksam führen.

... und wachsen Sie daran!

Brocken wegräumen macht nicht immer Spaß, und es kann durchaus schmerzhaft sein, sich die Steine in unserem Innern einmal näher anzuschauen, aber es lohnt sich. Schon die Erkenntnis, dass da ein Stein in Ihnen quer liegt, lässt Ihre innere Kraft und damit Ihre Wirksamkeit als Führungskraft wachsen.

Überlegen Sie selbst: Welche Situationen in Ihrer Vergangenheit haben Sie weitergebracht? Waren es eher die locker-leichten, einfach zu durchlebenden Ereignisse in Ihrem Leben oder doch eher diejenigen, bei denen Sie auch einmal die Zähne aufeinanderbeißen mussten? Die Erlebnisse, die Ihnen Angst gemacht haben, Hindernisse, die zunächst unüberwindbar erschienen?

Ich vermute, dass es Ihnen so geht wie den meisten Menschen: Es sind meist die Situationen, in denen wir uns bis über unsere Kräfte hinaus belasten, die uns wachsen lassen und die im Nachhinein betrachtet dazu beigetragen haben, dass wir uns danach mehr zutrauen als zuvor.

Die Asche seiner Hand verstreut Ralston über dem Canyon. Heute trägt er eine Prothese, in die anstelle der Finger ein Eispickel integriert wurde, um ihm weiterhin das Bergsteigen zu ermöglichen. Nur knapp 10 Monate nach seinem Unfall erklimmt Ralston wieder allein einen Viertausender. Bereits im darauffolgenden Winter erreicht er sein selbst gestecktes Ziel, die Besteigung aller 59 Viertausender in Colorado.

Typische Brocken in der Arbeitswelt

In den USA ist gerade die Abkürzung „VUCA" in aller Munde. Die vier Buchstaben des Akronyms stehen für „volatile, unpredictable, complex, ambiguous". Übersetzt ins Deutsche wird VUKA daraus: veränderlich, unsicher, komplex und ambivalent, also mehrdeutig – vier Eigenschaftswörter, die den Arbeitsalltag einer heutigen Führungskraft treffend beschreiben und gleichzeitig vier „Brocken" identifizieren, mit denen wir immer wieder zu kämpfen haben. Unsere Arbeitswelt ist eben nicht einfach, sondern VUKA:

- **Veränderlich:** Ein Change-Prozess folgt auf den anderen, unvorhersehbare und überraschende Veränderungen manifestieren sich in schneller Abfolge. Ziele, die vom Unternehmen eben noch hoch priorisiert werden, haben plötzlich keine Bedeutung mehr.
- **Unsicher:** Langfristige Zukunftsplanung wird immer schwieriger; was heute noch gilt, kann morgen schon „out" sein. Nichts ist sicher, weder der Arbeitsplatz noch die Rente, der Euro oder die Partnerschaft.
- **Komplex:** Den Überblick über erfolgsentscheidende Einflussfaktoren zu behalten, fällt zunehmend schwer. Es herrscht ständiger Entscheidungszwang ohne nachvollziehbare Grundlage, zu viele Informationen kursieren, die nicht mehr überblickt werden können; überall Globalisierung und interkulturelle Gegebenheiten.
- **Ambivalent:** Überall finden sich Widersprüche, mehrdeutige Ziele, verwirrende Anweisungen und gegenläufige Auslegungen des gleichen Problems.

Das renommierte Center for Creative Leadership (CCL) sieht übrigens Komplexität als größte Herausforderung für Führungskräfte und den Umgang mit Ambivalenz, die sogenannte Ambiguitätstoleranz, als größtes Kompetenzdefizit im Management.

Die VUKA-Welt lässt sich nur mit Resilienz beherrschen

Wir können die VUKA-Welt nicht beherrschen, indem wir sie ordnen und kontrollieren. Wenn wir uns trotzdem in diesem wirbelnden Strom von ständig wechselnden Anforderungen und fehlender Orientierung in teils gegenläufigen Veränderungsprozessen und unsicheren Perspektiven für die Zukunft bewähren wollen, braucht es etwas, an dem wir uns orientieren können, etwas, das uns so viel Halt gibt, dass der Strom uns nicht mitreißt.

Dieses „Etwas" ist Ihre Resilienz, Ihre Widerstandskraft, die Sie ausrichtet. Die Ihnen etwas gibt, das klar und eindeutig ist, damit Sie bestehen in diesem Chaos. Dazu gehört Ihre innere Haltung: Ihre Werte, Ziele, Ihr Fokus auf das, was Sie selbst beeinflussen können, und die Fähigkeit, sich nicht gegen das zu stemmen, was Sie nicht ändern können.

Sie müssen also Ihre „VUKA-Muskeln", den Kern Ihrer Persönlichkeit stählen. Die Weiterentwicklung Ihrer Resilienzfähigkeit sorgt genau dafür.

Um in den komplizierten Wirbeln unserer zunehmend unsicheren Business-Realität nicht unterzugehen, brauchen nicht nur Sie als Führungskraft, sondern auch Ihr Team und das gesamte Unternehmen Resilienz.

Ein Unternehmen ohne Resilienz hat weniger Widerstandskraft, ist damit anfälliger, wirtschaftlich gefährdet und entfaltet weniger Wirkung. Das Gleiche gilt für Führungskräfte und Mitarbeiter. Die Resilienz eines Unternehmens steht und fällt mit der Resilienz seiner Führungskräfte und Mitarbeiter, denn nur wenn der Einzelne mit VUKA und damit mit Veränderungsdruck umgehen kann, ohne dabei stressbedingte psychische Störungen zu entwickeln, kann er sein Team und letztlich das gesamte Unternehmen beeinflussen.

Typische Brocken in unserem Inneren

Viel mehr als VUKA und die täglichen Business-Needs schränken uns die selbst aufgetürmten Felsbrocken ein: Gedanken, Gefühle, Impulse, die uns mitreißen, uns im Weg stehen und uns so manches Mal anders handeln lassen, als wir es hinterher für sinnvoll halten.

Reiz – Reaktion

Ein Kollege, ein Mitarbeiter oder Ihr Vorgesetzter drückt einen unserer „Knöpfe", trifft damit einen empfindlichen Punkt und schon geht es los: Wir reagieren wütend, beleidigt oder gar nicht mehr. Oder wir geraten in eine Situation, die in Erinnerung an eine vergleichbare Gelegenheit vollautomatisch ein bestimmtes Verhalten auslöst: Rückzug, Aggression, Passivität oder wilden Aktionismus, wenn eine behutsame Vorgehensweise sinnvoller wäre. Auf einen Reiz – das kann ein Gedanke, eine Erinnerung, ein Wort, ein Blick oder ein Grinsen zur falschen Zeit sein – folgt reflexartig unsere unmittelbare Reaktion.

Ohne dass wir noch darüber hätten nachdenken können, ob diese Reaktion wirklich sinnvoll ist, geben wir unseren Impulsen nach, die wir dann wie ferngesteuert und völlig mechanisch in Handlungen umsetzen. Wir geraten dann in das, was ich den „Robotermodus" nenne. Wenn wir uns aber von unseren Gefühlen zu einem impulshaften Verhalten hinreißen lassen, werden uns die darauf folgenden Konflikte und verpassten Chancen eine Menge Kraft kosten.

Die wenigsten Menschen nutzen diese einzige Fähigkeit, die uns wirklich von den Tieren unterscheidet: die Fähigkeit, die Lücke zwischen Reiz und Reaktion erkennen und vergrößern zu können, um aus diesem Freiraum heraus mit klarem Geist zwischen einer Vielzahl von Handlungsoptionen zu wählen. Dabei ist gerade das Bewusstsein von der Wahlfreiheit in der Lücke zwischen Reiz und Reaktion ein wesentlicher Schlüssel zur Entwicklung dessen, was Psychologen unter dem Begriff „Selbstwirksamkeit" als einen grundlegenden Baustein von Resilienz und einem selbstbestimmten Leben ansehen: nämlich ein hohes Maß an Vertrauen in die Fähigkeit, aus sich selbst heraus eine Situation ins Positive verändern zu können.

Ängste

Vielleicht haben Sie ein Erlebnis der unangenehmen Art mit einem Vorgesetzten gehabt, sind im Gespräch mit ihm mit Mann und Maus untergegangen und haben jetzt geradezu Angst davor entwickelt, sich in Zukunft nochmals in die Höhle des Löwen zu wagen. Oder Sie haben einen Mitarbeiter, der Sie verunsichert, weil er selbst bei berechtigter Kritik in

Tränen ausbricht, wütend wird oder sich gleich krankschreiben lässt. Vielleicht ist ein Projekt, für das Sie verantwortlich waren, so schiefgelaufen, dass Sie nur mit großem Unbehagen daran zurückdenken. Sie beginnen, diese Situation zu vermeiden, schränken kritische Bemerkungen gegenüber dem empfindlichen Mitarbeiter ein und übernehmen ein Projekt, das Sie eigentlich reizen würde, lieber nicht. Und genau das ist ein dicker Brocken, der Sie einklemmt. Dazu gehört auch die Art von Gedanken, die uns dazu bringt, nichts mehr auszuprobieren, was auch nur mit dem geringsten Risiko des Scheiterns verbunden wäre.

Immer wenn wir beginnen, Situationen zu vermeiden, die uns verunsichern oder vor denen wir Angst haben, ist das wie ein Felsbrocken, der uns einengt und uns daran hindert, weiterzukommen.

Verpassen der Gegenwart

Schließlich hängen wir Menschen auch noch zwischen den Brocken unserer Vergangenheit und Zukunft fest. In der Vergangenheit mögen Dinge schiefgelaufen sein, die uns ungut in Erinnerung sind und die unser Verhalten in der Gegenwart beeinflussen. Vielleicht ein negatives Feedback, ein Übergangenwerden bei der Bewerbung um eine gewünschte Position oder was auch immer. Oder wir machen uns ständig Sorgen um Dinge, die in der Zukunft liegen: Wie wird sich unser Markt entwickeln? Wie sicher ist mein Job? Wie wird sich meine Karriere entwickeln? Und wie kann ich verhindern, dass etwas passiert, was mir den Boden unter den Füßen wegzieht?

Zukunft ist letztlich immer ungewiss und fordert drängend dazu auf, sich mit ihr zu beschäftigen. Schlechte Erfahrungen in der Vergangenheit lassen sich nicht einfach als irrelevant zur Seite schieben. Es ist gut, auf die Vergangenheit zu schauen, um aus Fehlern zu lernen, und ebenso wichtig, die Zukunft sorgsam zu planen. Aber wir Menschen neigen dazu, uns mehr mit Rück- und Vorschau zu beschäftigen und dabei die Chancen der Gegenwart zu verpassen. Im schlimmsten Fall erschaffen wir sich selbst erfüllende dunkle Prophezeiungen, die unsere Kräfte erlahmen lassen.

Erwartungen

Andere „Felsbrocken“ stellen die Erwartungen dar, die Vorgesetzte, Mitarbeiter oder Kollegen vermeintlich oder tatsächlich an uns haben und die uns automatisch dazu bringen, diese Erwartungen erfüllen zu wollen, ohne dass wir nachfragen oder auch einmal „Nein“ sagen. Dazu kommen hohe Erwartungen an uns selbst. Die treiben uns dann schon einmal in die Perfektionismusfalle oder in den Selbstoptimierungswahn, und eine innere Stimme mahnt uns, nicht zu oft dem Lustprinzip zu frönen, treibt uns zu immer noch besseren Leistungen an, fordert selbstaufopfernde Hilfsbereitschaft oder flüstert uns ein, wir wären möglicherweise Versager, wenn wir nicht das schaffen, was angeblich allen anderen scheinbar so leichtfällt. Wir versuchen dann angestrengt, Werten zu folgen, die nicht den eigenen entsprechen. Weil „man“ das so macht, weil alle anderen das auch so machen und weil man das irrationale Gefühl nicht loswird, die Welt könnte untergehen, wenn wir nicht auf die strenge Stimme unserer eigenen Erwartungen hören. Das Bild, das wir uns im Laufe unseres Lebens von uns selbst gemacht haben, und das Rollenverständnis, das wir erlernt haben, können uns in unserem Handeln stark beschränken. Wir fühlen uns dann quasi gezwungen, bestimmte Dinge zu tun oder zu lassen, um diesem Bild von unserer Rolle im Leben treu zu bleiben.

Schutzburg statt Gefängnis

Führungskräfte unterscheiden sich dahingehend, in welchem Ausmaß sie sich durch die oben genannten „Brocken“, die sie einzwängen, in ihrer Bewegungsfreiheit beeinträchtigen lassen. Sehr viele leiden jedoch unter ihrem „Eingeklemmt-Sein“ oft so sehr, dass sie immer wieder versuchen, die Brocken loszuwerden oder zu ignorieren, indem sie abstumpfen, zynisch werden, zur „Drogenkrücke“ greifen oder keinen anderen Ausweg mehr sehen, als die eigene Karriere aufzugeben, auszusteigen und von einem Dasein als Schafzüchter oder Coach zu träumen.

Aber für diese „Lösungen“ zahlen sie einen hohen Preis und bekommen dafür, wenn überhaupt, nur im Ansatz die gewünschte Verbesserung der Situation. Denn auf Dauer ist es uns Menschen nicht möglich, unsere Gefühle und Gedanken „wegzudrücken“. Auch bleiben wir auf andere Menschen angewiesen und können nicht verhindern, dass sie uns beeinflussen. Nach der Wahl einer solchen „Lösung" verschwinden weder die Spuren der Vergangenheit, noch ist es möglich, auszublenden, dass es eine Zukunft gibt, die ganz anders sein könnte, als wir uns das wünschen.

Nein, Menschen können nicht all die Felsbrocken in Luft auflösen, die sie umgeben oder die in ihnen selbst liegen. Auch die allerbeste Führungskraft nicht. Aber wir können dafür sorgen, dass die Brocken uns eher als Schutzburg denn als Gefängnis dienen.

In diesem Buch geht es darum, wie Sie die Brocken zu Bestandteilen Ihrer Schutzburg machen, sodass Sie zwar mit den wichtigen Einflüssen verbunden bleiben, die Sie als Mensch einfach ausmachen, dabei aber nicht mehr Sklave Ihrer Gedanken, Gefühle, Impulse, Ihres Selbstbilds, Ihrer Vergangenheit oder Zukunft oder der Bedingungen an Ihrem Arbeitsplatz sind.

Das funktioniert aber nur, wenn Sie sich in Ihrem aufreibenden Bemühen, im Dauerchange einen guten Job zu machen, nicht selbst verlieren und sich nicht durch innere oder äußere Brocken steuern lassen.

1.2 Neue Arbeitsbedingungen erfordern neue Fähigkeiten

„55 Prozent der deutschen Spitzenmanager sehen Anpassungsfähigkeit an zukünftige Herausforderungen als Schlüsselkompetenz."

Ergebnisse der Egon-Zehnder-Studie „Resilience" 2010

Die Führungskräfte der VUKA-Arbeitswelt von heute und morgen bewegen sich im Spannungsfeld zwischen Führen und Folgen, Vertrauen und Respekt, Macht und Mitgefühl. Darüber hinaus sehen sie sich mit den Anforderungen an die Führungskraft 3.0 konfrontiert.

Für Führungskräfte bedeutet dies, ihren Führungsstil immer wieder zu reflektieren; der „klassische" Vorgesetzte ist out. Heute heißt es, sich ständigen Veränderungen zu stellen, große Mengen an Informationen zu priorisieren, Komplexität zu managen und in vieldeutigen Anweisungen, die heute so und morgen anders sind, nicht den Kopf zu verlieren. Dazu erzeugt der ständige Zwang zum „schnell-schnell“, das oftmals reine Verwalten von Aufgaben ohne Zeit für eigene Gestaltung und ohne persönliche Freiräume enormen Druck und Stress.

Führungskraft 3.0

Heutige Führungskräfte stehen oftmals vor folgenden Herausforderungen, die heute schon spürbar sind und künftig noch größer werden:

- **Inhomogene** Teams: Die meisten Teams bestehen heute aus inhomogenen Mitarbeitergruppen. In der Regel sieht sich eine Führungskraft einer bunten Mischung aus Vertretern der „Generation Y“ und der „50+“-Generation aus aller Herren Länder gegenüber. Respekt von seinen Mitarbeitern muss man sich heute verdienen, interkulturelles Fingerspitzengefühl ist gefragt. Die „Gen Y“ lässt sich nicht mehr alles gefallen und rebelliert, und die Älteren nutzen gern die Chance einer Abfindung und wandern ab, wenn sie mit ihrem Vorgesetzten unzufrieden sind.
- **Virtuelle Teams:** Zudem sind Teile des Teams oft über den gesamten Erdball verteilt, Führung erfolgt vorwiegend virtuell, und eine hohe Anzahl von Mitarbeitern in Zeiten von Lean Management zwingt zu einem kräftezehrenden Spagat, der die Führungsaufgabe nicht einfacher macht.
- **Remote Leadership:** Führungskräfte sehen ihre Mitarbeiter immer seltener. Schon jetzt steht nur noch ein Teil der Mitarbeiter täglich Vollzeit und ausschließlich ihnen zur Verfügung. Einige sind noch zu soundso viel Prozent einem anderen Vorgesetzten unterstellt, manche arbeiten nur vormittags, andere nachmittags. Wieder andere arbeiten gerade im Ausland. Und die Diversität von Arbeitsformaten wird noch erheblich zunehmen ...
- **Feelgood Leadership:** Es wird zunehmend schwieriger, althergebrachte Führungsgewohnheiten nutzbringend weiter zu verwenden; das klassische System „Befehl und Gehorsam“ funktioniert nicht mehr, wenn in Projekt A Herr X der Frau Y überstellt ist und das zeit-

gleich zu managende Projekt B dann dieses Mal von Frau Y geleitet wird und diese Herrn X Weisungen erteilt. Hier ist eine Menge an Empathie und Mitarbeiterorientierung vonnöten, damit die Stimmung steigt – und die Geschäftszahlen auch.

Wenn Führen in der Matrix und in immer neuen Projekten so diffizil wird, funktioniert nur noch eines: Menschen für die Sache gewinnen und überzeugen. Wenn ein Mensch mit „Leib und Seele" arbeiten soll, dann muss auch die Antriebskraft „Seele" genährt werden und den Stellenwert bekommen, der ihr gerade auch in stark leistungsbetonten Unternehmen gebührt.

Denn: Menschen haben den natürlichen Drang, ihre Seele nicht am Tor zum Unternehmen abgeben zu müssen. Es braucht also mehr „Soul@ Work"!

Bei all diesen Hürden verwundert es nicht, dass manch eine Führungskraft nur *einen* Ausweg aus ihrem unbefriedigenden Job sieht und desillusioniert und ausgebrannt schon lange vor der Zeit an ihre Frühverrentung denkt oder von einem Dasein als Schafzüchter oder Berater träumt. Endlich selbstbestimmt! Endlich frei! Und eines Tages ist es so weit: Der Schritt in die Selbstständigkeit wird gewagt oder ein weniger anspruchsvoller Job angenommen. Die akuten Probleme scheinen damit zunächst gelöst, der Druck genommen.

Dieser Weg verbessert die Situation allerdings häufig nicht wirklich: Er kann ins finanzielle Desaster, zumindest zu finanziellen Einbußen führen, zum Verlust des sozialen Status und der „alten" Sicherheiten. Eine dauerhafte Veränderung der Situation bedeutet er oft nicht, er bewirkt in vielen Fällen nur eine Verlagerung des Schauplatzes. Denn die ersehnten Veränderungen finden sich viel zu selten in der Veränderung der äußeren Umstände, sondern meist in der Veränderung der inneren Haltung.

Wohin auch immer sie sich bewegen, ihre innere Haltung und ihre Einstellungen nehmen Menschen überall mit hin, und solange sie nicht an diesen arbeiten, wird sich an ihrer Unzufriedenheit nichts ändern.

Fluch und Segen der Postmoderne

Die Arbeitsbedingungen haben sich geändert und immer weniger Menschen erreichen gesund das Rentenalter. Psychische Erkrankungen sind der Frühverrentungsgrund Nr. 1. Was stresst Arbeitnehmer eigentlich so sehr? Ist Arbeit heute wirklich so viel anstrengender als früher? Die viel gepriesene Errungenschaft der Postmoderne, die Wahlfreiheit, die wir heute in so gut wie allen Lebensbereichen haben, ist oftmals eine echte Herausforderung, zwingt sie uns doch, ständig Entscheidungen zu treffen und selbst mit immer neuen Entscheidungen zu leben.

Die große Freiheit: Alles kann, nichts muss ...

Neben VUKA, dem viel zitierten zunehmenden „Workload“, der ständigen Erreichbarkeit aufgrund der neuen Medien und der Flut an Informationen und E-Mails, die das Arbeitsleben heute komplexer und anstrengender machen, sehe ich den Grund für die um sich greifende Erschöpfung aber auch in der Herausforderung, sich ständig für oder gegen etwas entscheiden und das eigene Leben möglichst optimal entwerfen zu müssen.

Die Zeiten, in denen man einen geraden Weg von der Schulausbildung bis zur Rente nahm und ein Berufsleben lang im gleichen Unternehmen arbeitete, sind vorbei. Der Arbeitsplatz, die Rente, der Euro, die Ehe, nichts davon ist heute mehr sicher. Nach dem Motto „alles kann – nichts muss“ dürfen wir weit mehr als alle Generationen vor uns unser Leben ganz nach unseren Wünschen gestalten. Niemand sagt uns mehr, wie wir unser Leben zu leben haben, wie es „richtig“ geht.

Wir können frei entscheiden, ob wir studieren wollen oder eben auch nicht, ob und wen wir heiraten, ob wir Kinder bekommen – auf natürlichem Wege oder entstanden aus jahrelang tiefgefrorenen Eizellen – und ob wir die große Karriere anstreben oder doch lieber Schafzüchter werden.

Und doch müssen wir entscheiden.

„Leitplanken“, bestehend aus Halt gebenden Instanzen und Werten, gibt es immer weniger. Wir sind frei, uns fast ohne jede Begrenzung ganz individuell selbst zu verwirklichen. Jeden Tag können wir neu und frei entscheiden, wie unser Leben weiter verlaufen soll. Eigentlich toll, oder? Diese Freiheiten zwingen uns allerdings auch, ständig Entscheidungen zu treffen. An jeder Weggabelung des Lebens. Und derer gibt es viele. Das erzeugt nicht nur Glücksgefühle, das kann auch Unsicherheit bis hin zur Angst erzeugen. Was, wenn ich mich falsch entscheide? Wäre mein Leben vielleicht besser, wenn ich mich anders entscheiden würde?

Leitplanke Resilienz: Halt in uns selbst

Mit der Weiterentwicklung Ihrer Resilienzfähigkeit entwickeln Sie gleichzeitig auch die Fähigkeit, unabhängig von den Bedingungen Ihres derzeitigen Jobs innere Zufriedenheit zu finden und Herausforderungen mit mehr Gelassenheit zu meistern.

Die Zeit, in der wir leben, lässt sich nicht zurückdrehen oder nach vorne spulen. Stressige Arbeitsbedingungen, Mitarbeiter, die nicht wie gewünscht „mitziehen“, und all das, was uns gelegentlich flüchten wollen lässt, gibt es überall. Wenn es keine Leitplanken mehr gibt, an denen wir Halt, Orientierung und Sicherheit finden, wenn die Sicherheit nicht mehr „außen“ zu finden ist, bleibt nur eins: Wir müssen Sicherheit und Halt in uns selbst finden. Dann sind wir von den äußeren Bedingungen unabhängig.

Wir müssen lernen, uns auf das zu besinnen, was uns Kraft gibt und uns wichtig ist – so wie Ralston sich in seiner alptraumhaften Situation der Werte und Beziehungen bewusst wurde, die ihn zum Weiterkämpfen befähigten. Anders gesagt:

Gib dir selbst Halt, und es ist egal, wo du arbeitest und wie die Situation ist. Du wirst sie meistern!

Je resilienter Sie werden, umso leichter wird es Ihnen fallen, weiter für das zu kämpfen, was Ihnen wichtig ist, und umso zufriedener werden Sie genau dort, wo Sie gerade sind!

1.3 Resilienz – die Kraftquelle, die Sie wirklich weiterbringt

Ralstons Unterarm wird von Mitarbeitern der Nationalpark-Verwaltung geborgen, nachdem diese den Felsbrocken mit geeigneten Geräten angehoben haben. Mit einem Kamerateam kehrt Ralston später an den Unglücksort zurück und verstreut die Asche seines Unterarms im Canyon, der für ihn zu einem „spirituellen Ort" wird. Denn den Unfall selbst sieht Ralston nicht als Unglück: „Wenn ich die Wahl hätte, meinen Arm zurückzubekommen und dafür auf die durchlebten Erfahrungen zu verzichten, würde ich mich gegen den Arm entscheiden", sagt er in einem Interview.

Die Situation hat ihn weitergebracht, hat ihn, wie er selbst sagt, an die wichtigste Weggabelung in seinem Leben geführt und ihn dazu gebracht, sein bisheriges Leben und seine eigentlichen Wünsche und Prioritäten zu reflektieren. Mit dem Unterarm hat er sein früheres Leben abgeschnitten und ein besseres begonnen.

Aron Ralston beendet nach dem Unfall sein draufgängerisches Leben, heiratet, bekommt den Sohn, den er in seiner Vision in der Felsspalte gesehen hat. Sein Erlebnis verarbeitet er in einem Buch, das später verfilmt wird. Heute arbeitet er als gefragter Motivationstrainer. Und er klettert weiter!

Eine drastische, eine wahre Geschichte.

Eine Geschichte, die eindrücklich zeigt, was Resilienz bedeutet: Nicht nur Situationen meistern, sondern auch noch daran wachsen.

Was ist Resilienz?

Definition Resilienz:

Resilienz – so heißt die seelische Kraft, die Menschen dazu befähigt, Niederlagen, Unglücken und Schicksalsschlägen besser und schneller standzuhalten. Das Wort, vom lateinischen „resilio" (= abprallen, zurückspringen) abgeleitet, kommt aus der Physik und bezeichnet in der Materialforschung hochelastische Werkstoffe, die nach jeder Verformung wieder ihre ursprüngliche Form annehmen.

Sicher kennen Sie das schwedische Möbelhaus IKEA. Vielleicht haben Sie dort auch schon einmal einen großen Glaskasten gesehen, in dem ein Sessel steht. Dieser Sessel wird den ganzen Tag mit einer mechanischen Konstruktion malträtiert, die ohne Pause und mit voller Wucht auf den Sessel einschlägt. Trotz des erheblichen und dauerhaften Drucks von außen bleibt der Sessel in Form. Sein hoher Grad an Resilienz, seine „Widerstandskraft", wird so unter Beweis gestellt.

Auch wir Menschen tragen die Fähigkeit in uns, nach hohem Druck und anhaltender Marter erstaunlich schnell wieder „in Form" zu kommen. Jeder von uns ist schon resilient. Sie auch! Wenn Sie es nicht wären, würden Sie jetzt wohl nicht gerade in diesem Buch lesen können, denn sicher haben auch Sie schon den einen oder anderen „Lebenssturm" überstanden. Und nach jedem Sturm sind Sie stärker geworden ...

Wie die ansteigenden Zahlen von psychischen Störungen im Job zeigen, reichen die üblichen Versuche, die modernen und künftigen Herausforderungen zu bewältigen – wie die in vielen Unternehmen mittlerweile gut etablierten Programme zur Stressbewältigung –, oft nicht mehr aus. Also gilt es, die Bewältigungsfähigkeit von Einzelnen und Teams zu stärken und Menschen in die Lage zu versetzen, dem andauernden Wandel und der großen Entscheidungsfreiheit besser gewachsen zu sein.

Dies gelingt mit Resilienz.

Resilienz im Arbeitsalltag

Resilienz lässt Menschen mit tief greifender Verunsicherung, wie sie beispielsweise durch Angst vor dem Arbeitsplatzverlust entsteht, fertigwerden und hilft nicht nur dabei, mit dem täglichen Stress und Druck im Arbeitsalltag umzugehen, ohne sich dabei zu erschöpfen, sondern auch dabei, Krisensituationen standzuhalten und in den Wellen, die das Leben schlagen kann, nicht unterzugehen.

Resilienz ist die innere Widerstandsfähigkeit, die dafür sorgt, dass wir Belastungen und Krisensituationen meistern und ohne anhaltende Beeinträchtigung durchstehen. Sie ist die Kraft, die uns aus unserem Inneren heraus Sicherheit und Halt gibt. Mit Resilienz können wir uns unsere eigenen Leitplanken bauen und werden unabhängig von vorgegebenen Leitplanken, die uns etwas oder jemand anderes geben könnte.

Alle Menschen haben bereits eine Vielzahl von Fähigkeiten und Eigenschaften, die zusammengenommen Resilienz ausmachen. Bei einigen sind sie weniger stark ausgeprägt, bei anderen stärker. Wie hoch oder niedrig die „Dosis" Resilienz einer Person ist, bestimmt, wie diese Person Belastungen erlebt und ob sie in schwierigen Lebenssituationen eher resigniert oder diese aktiv bewältigt.

Die tägliche Dosis Resilienz

Resilienz lässt sich aber in allen Lebensphasen weiterentwickeln und gezielt trainieren. Sie können sich täglich selbst eine zusätzliche Dosis Resilienz verabreichen.

Die Dosis bestimmen Sie. Ihre Resilienz wächst im gleichen Maß, wie Ihr Bewusstsein darüber wächst, wie Sie Ihre Ressourcen geschickt nutzen können.

Resilient wird, wer

- „sich stellt", seiner Situation ins Auge sieht,
- sich nicht gegen die Wellen stemmt, sondern sie reitet, wie sie kommen (Akzeptanz),

- seine Ressourcen kennt (z. B. Energie, Vitalität, Gesundheitszustand, Kraftreserven, positive oder negative Überzeugungen, innere Leitplanken, Werte, Stärken, Schwächen),
- seine Ressourcen bewusst einsetzt, also abwägt, wofür er sie einsetzt, denn sie sind begrenzt,
- seine Ressourcen pflegt und weiterentwickelt (z. B. persönliche Kraftquellen entdeckt, individuelle Belastungsgrenzen beachtet, Einstellung und Haltung reflektiert).

Sich mit den eigenen Ressoucen zu beschäftigen, lohnt sich, denn eine hohe Dosis an Resilienz ermöglicht Ausnahmeleistung und wirkt gleichzeitig wie ein Schutzschild, der Erschöpfung, Resignation und Burn-out abwehrt.

Resilient ist, wer

- auch noch unter hohem Druck an die eigenen Fähigkeiten glaubt und mit Gelassenheit daran arbeitet, eine scheinbar ausweglose Situation zu wenden,
- Niederlagen, Unglücken und Schicksalsschlägen besser und schneller standhält als andere,
- sich an widrige Lebensumstände anpassen kann,
- seine positive Grundhaltung trotz ausgeprägter Widrigkeiten aufrechterhalten oder zumindest bald wieder herstellen und sich dabei wohlfühlen kann,
- unter wechselnden Bedingungen und hohen Belastungen angemessen und flexibel agieren (statt nur reagieren ...) kann,
- außergewöhnliche Anforderungen und Situationen ohne anhaltende psychische, körperliche oder soziale Beeinträchtigung meistert,
- unangenehme Gefühle aushält, ohne ausweichen zu müssen. Gerade dieses Sich-Stellen, die Akzeptanz der Situation ist der erste wichtige Schritt, den wir lernen müssen. Nur wer sich eines Umstands bewusst ist, ist auch in der Lage, ihn zu ändern.

Fatal ist, „wenn wir uns weigern, die Angst vor Veränderungen zuzulassen und unsere Ohnmacht einzugestehen, ebenso, wie wenn wir unfähig sind, nach neuen Wegen zu suchen, um sie überwindbar zu machen" (Professor Dr. Gerald Hüther, „Biologie der Angst", S. 144).

Resilienz ist die Fähigkeit, sich schnell und erfolgreich an sich ständig verändernde Anforderungen, intern wie extern, anzupassen, und besteht aus einem ganzen Bündel an Schutzfaktoren, die unsere emotionale Stabilität und psychische Widerstandsfähigkeit stärken und uns mit Zuversicht neue Wege gehen lassen.

Die 11 Resilienzfaktoren

Ihre Resilienzfähigkeit können Sie mit 11 Faktoren steigern. Diese 11 Resilienzfaktoren habe ich erstmals 2012 in meinem Buch „Die Bambusstrategie. Den täglichen Druck mit Resilienz meistern" dargestellt; dort beschreibe ich, was resiliente Menschen ausmacht, was sie charakterisiert und welchen Denkmustern sie folgen, und zeige Wege auf, wie auch der Leser resilient werden kann.

Hier lesen Sie gleich eine kurze Zusammenfassung der einzelnen Faktoren. Details, Übungen und einen ausführlichen Test, wie es um Ihre Resilienzfähigkeit aktuell bestellt ist, finden Sie in der „Bambusstrategie".

Die 11 Resilienzfaktoren

Die drei Basisfaktoren Akzeptanz, Verbundenheit und positive innere Einstellung bilden die Grundlage für die Weiterentwicklung der anderen Resilienzfaktoren. Auf diese Basisfaktoren zur Stärkung unserer inneren Kraft sollten Sie sich im Falle eines „Sturms" immer als Erstes beziehen.

1. Faktor: Akzeptanz
Akzeptanz meint die Fähigkeit, eine Situation so zu nehmen, wie sie ist, ohne seine Kraft zu verschwenden und sich gegen sie zu stemmen. Ein Teil von Akzeptanz ist die Erkenntnis, dass Belastungen, Niederlagen, Konflikte, Missgeschicke, Unfälle und Leid normaler Bestandteil des Lebens sind, und das Wissen, dass ohne die „dunkle" Seite keine helle Seite möglich wäre. (Ohne Schatten kein Licht.)

Was auch immer wir tun, um uns gegen die Risiken des Lebens abzusichern, wir werden nicht darum herumkommen, dass wir immer wieder einmal Steine auf unserem Weg finden. Es gilt, sie im ersten Schritt als „Prüfsteine" des Lebens anzuerkennen, sie genau anzuschauen, um dann einen großen Schritt darüber machen, sie beiseiteräumen oder zu Schotter zerlegen zu können. Dabei helfen Anpassungsfähigkeit, Flexibilität und den Fokus mehr auf Gegenwart und Zukunft als auf die Vergangenheit zu richten.

2. Faktor: Verbundenheit

Verbundenheit meint die Fähigkeit, auch unter Stress aus der tiefen Verbindung zu uns selbst, zu unserem sozialen Umfeld und der Welt, die uns umgibt, Kraft schöpfen zu können. In gutem Kontakt mit sich selbst, anderen und der Welt zu sein, das heißt Bedürfnisse, Sehnsüchte und Warnsignale ernst zu nehmen, statt dauerhaft zu übergehen, ein tragendes soziales Netz aufzubauen und zu pflegen – gleichgültig wie knapp die Zeit und wie groß der Stress ist. Dazu kommt, den Kontakt zu Energieräubern zu minimieren, die Nähe zur Natur zu suchen und in Kontakt mit der Umwelt zu bleiben, statt sich in Extremzeiten nur noch zurückzuziehen. Dabei helfen Selbstbeobachtung und Selbstreflexion, Einfühlungsvermögen, Hilfestellung geben und annehmen und die Inspiration von Vorbildern und/oder Mentoren, an denen Sie sich orientieren können.

3. Faktor: Positive innere Einstellung

Eine positive innere Einstellung zu haben bedeutet, das „Gute im Schlechten" als Chance sehen zu können, den Glauben zu haben, dass alles wieder gut wird, sich selbst gut zureden zu können, ein positives Menschenbild und die Fähigkeit zu haben, sich von Problemen zu distanzieren, sich nicht überwältigen zu lassen und gelassen zu bleiben. Dabei hilft es, den Fokus konsequent auf das zu richten, was gut ist, auf das, was Sie haben, statt auf das, was fehlt, und sich von Miesepetern und Gefühlsterroristen fernzuhalten oder wenigstens abzuschotten. Bei der „Programmierung" der positiven Einstellung helfen neben Mental- und Körpertechniken die

Kultivierung von Dankbarkeit auch für kleine Dinge, Neugier, Interesse und Offenheit für neue Erfahrungen, Gelassenheit, Humor, Improvisationstalent und die Fähigkeit, fünfe einmal gerade sein lassen zu können.

Die nächsten vier Faktoren, die vier Ich-Stärker Selbstbewusstsein, einem Leitstern folgen, Selbstliebe und Selbstsicherheit, bilden ein stabiles Gerüst in Ihrem Inneren, das Sie alle Krisen überstehen und seelische Verletzungen schneller heilen lässt.

4. Faktor: Selbstbewusstsein

„Selbstbewusstsein" ist hier ganz wörtlich als das Bewusstsein von uns selbst gemeint: dass wir uns in uns selbst gut auskennen. Dann wissen wir, was uns guttut und womit wir uns neu motivieren und unseren Zustand auch in kritischen Situationen positiv beeinflussen können. Selbstbewusstsein ist die Fähigkeit, die eigenen Gedanken und Gefühle bewusst wahrzunehmen, ohne sich davon bestimmen zu lassen. Über die Reflexion unserer Erfahrungen entwickeln wir funktionierende Problemlösungsstrategien, kennen die „Knöpfe", die andere drücken könnten, um uns zu beeinflussen, und können rechtzeitig gegensteuern. Durch die Auswertung unserer Erfahrung erkennen wir, dass wir die meisten Ereignisse stark beeinflussen können und weniger Opfer der Umstände als Gestalter unseres Lebens sind. Nur wenn ich meine Stärken, Belastungsgrenzen, Talente, Wünsche, Werte und Ziele kenne, kann ich meinen eigenen Weg gehen. Je mehr Klarheit Sie über Ihren Weg bekommen, umso leichter fällt es, ihn zu gehen. Je leichter Ihnen das Gehen fällt, umso mehr gewinnen Sie an Stärke. So produzieren Sie Ihre eigene Aufwärtsspirale. Nur wenn ich weiß, wer ich bin, was ich kann und welche Bedingungen ich brauche, um zu zeigen, was ich kann, bin ich fähig, in mir selbst Unterstützung und Halt zu finden.

5. Faktor: Einem Leitstern folgen

Ihr „Leitstern" – das ist Ihre Vision von dem, wie Sie Ihr Leben erschaffen wollen, zusammen mit Ihren Werten, Ihren Zielen und dem

Sinn, den Sie Ihrem Tun beimessen. Ein Leitstern weist Ihnen den Weg, führt Sie wie ein Leuchtfeuer auch durch schlechte, dunkle Zeiten und hilft Ihnen, wieder aufzustehen, wenn Sie sich wie am Boden fühlen. Denn die Vision, die hinter dem Leitstern steht, setzt bewusste und auch unbewusste Kräfte in uns frei, die uns wieder auf den richtigen, auf unseren Weg bringen; sie zeigt uns, wofür es sich lohnt, sich zu engagieren und zu kämpfen. Voraussetzung dafür ist, dass Sie wissen, wofür Sie stehen wollen, und dass Sie sich Ihrer ureigenen Grundsätze und Überzeugungen bewusst werden. Daraus formulieren Sie dann passende, möglichst konkrete Ziele – und haben Ihr Leben ein großes Stück weit selbst in der Hand, denn nun wissen Sie, was Sie wollen und wonach Sie streben. Daraus leiten sich entscheidende Punkte für den Aufbau von Resilienz ab: Zum erfolgreichen Umgang mit belastenden Situationen braucht es die Ausrichtung auf einen Sinn, den Glauben an Erfolg und das Gefühl von Kontrolle.

6. Faktor: Selbstliebe

Selbstliebe bedeutet hier, sich selbst anerkennen zu können, zu sich selbst zu stehen in guten wie in schlechten Zeiten. Wenn Sie sich selbst ein guter Freund sind, macht Sie das unabhängiger von der Anerkennung von außen. Dann können Sie sich auch dann noch mögen, wenn Ihnen grobe Fehler unterlaufen, wenn Sie von anderen abgelehnt werden oder Sie gerade eine Krise erleben. Nach einem Misserfolg analysieren Sie, wie Sie am besten weiter auf Ihr Ziel zusteuern können, und machen sich gleich wieder ans Werk – auch dann, wenn andere nicht Ihrer Meinung sind und Sie keine Unterstützung für Ihre Sache finden! Menschen mit einem hohen Selbstwertgefühl sind mit sich und ihrem Leben relativ zufrieden; sie müssen sich nicht mit Berühmtheiten vergleichen und bestürzt feststellen, dass sie nicht mithalten können. So wie eine Stradivari eine Stradivari bleibt, auch wenn ein Musiker ihr falsche Töne entlockt oder mal eine Saite reißt, so bleiben Sie ein liebenswerter Mensch, auch wenn Sie einmal Bockmist bauen! So bleiben Sie auch unter Druck ganz „bei sich“.

7. Faktor: Selbstsicherheit

Das Vertrauen in sich selbst und daraus resultierend der Mut, Chancen zu ergreifen, wenn sie sich bieten, die Fähigkeit, Probleme entschlossen anzupacken und die eigenen Möglichkeiten voll zu nutzen, sind weitere Aspekte Ihrer Persönlichkeit, die darüber entscheiden, wie gut es Ihnen geht. Wenn Sie sicher wissen, dass Sie sich auf sich selbst verlassen können, was auch immer kommen mag, können Sie Ihre Pläne und Projekte erfolgreich umsetzen und sind in der Lage, Ihre Macht angemessen auszuüben, statt nur zum Spielball der Interessen anderer zu werden.

Selbstsicherheit lässt sich genau wie die anderen Faktoren trainieren: Die Voraussetzung dafür ist, sich Herausforderungen zu stellen, um daran wachsen zu können. Häufig neigen wir zum Gegenteil und bewegen uns nur in dem Fähigkeitsbereich, in dem wir uns schon bestens auskennen und von dem wir wissen, dass wir ihn zweifelsfrei bewältigen können. Ich nenne das die „Homezone"; nur dort fühlen wir uns wirklich sicher. Es ist menschlich, Situationen zu vermeiden, die uns unsicher machen oder gar Angst auslösen. Dabei hat wohl jeder schon einmal erlebt, wie sehr es uns stärken kann, sich selbst zu überwinden und dabei den eigenen Kompetenzbereich zu „stretchen". Und genau auf diesem Weg entwickelt sich Ihre Selbstsicherheit: Indem Sie sich in Herausforderungen erproben, die derzeit noch außerhalb Ihrer Homezone liegen. Nur so wird Ihr Vertrauen in Ihre Fähigkeiten und damit der Umfang Ihrer Kompetenzen wachsen. Nach und nach wird Ihre Homezone immer weiter ausgedehnt und schon bald trauen Sie sich Dinge zu, die ehemals utopisch schienen.

Die vier Energiespender „Spielräume und Lösungen", „Vitalität", „Souverän durchsetzen" und „Arbeitsumfeld gestalten" unterstützen Sie dabei, schneller wieder auf die Sonnenseite zu kommen, Ihren Energie-Akku immer wieder aufzuladen und Kraft zu tanken.

8. Faktor: Spielräume und Lösungen

Worauf fokussieren Sie Ihre Aufmerksamkeit: auf das, was unabänderlich ist, oder auf Dinge, die Sie beeinflussen können? Alle Ereignisse um uns herum fallen in zwei Bereiche: in einen, der unser Leben beeinflusst, aber von uns nicht beeinflusst werden kann – das sind die unveränderlichen Rahmenbedingungen. Und in einen zweiten, auf den wir aktiv Einfluss nehmen können und in dem wir unseren Handlungsspielraum haben – und den gilt es zu nutzen! Statt sich über Dinge zu ärgern, die wir sowieso nicht ändern können (eben die „unveränderlichen"), und auf diese Weise frustriert und passiv zu werden, sollten wir unsere Energie auf das konzentrieren, was in unserem Einflussbereich liegt, und diesen so nach und nach vergrößern. Ganz gleich, wie unbeeinflussbar eine Situation zunächst auf Sie wirken mag: Sie haben immer noch die Kontrolle über die Bedeutung, die Sie der Situation geben, über den Fokus, aus dem heraus Sie die Situation betrachten, und den Schritt, den Sie als nächsten tun! Werden Sie zum Gestalter der Umstände! Schärfen Sie Ihren Blick für Möglichkeiten; auch kleine Handlungsspielräume zu erkennen ist die Kunst! Und akzeptieren Sie alles Unveränderbare.

9. Faktor: Vitalität

Hier unterscheide ich körperliche, mentale und spirituelle Vitalität, also die Beweglichkeit und Gesundheit Ihres Körpers, die Flexibilität Ihres Geistes und den Schwung aus einer stärkenden Philosophie für ein positives Lebensgefühl. Nur mit körperlicher und geistiger Vitalität schaffen wir es, unbeschadet mit Stress und Zeitdruck umzugehen, und können dem Gefühl, ständig von anderen fremdgesteuert zu werden, etwas entgegensetzen. Dazu gehört ein gerüttelt Maß an genügend Schlaf, ein gesunder Wechsel zwischen An- und Entspannung und die Bereitschaft, auf den eigenen Körper zu hören und in seine Intaktheit zu investieren. Denn gerade unter Druck hat Ihr „Gehäuse" zu leiden und braucht besondere Aufmerksamkeit, um erfolgreich durch die Krise zu kommen. Wenn es Ihrem Gehäuse nicht gut geht, geht es auch Ihrem Geist nicht gut. Gleiches gilt auch andersherum: Ihr geistiges Wohlbefinden wirkt auf Ihren Körper. Nutzen Sie also das mächtige Kraftwerk in Ihrem Kopf, um Ihre Aufmerksamkeit auf Dinge zu lenken, die Ihnen Kraft geben; probieren Sie neue Dinge aus und verlassen Sie ausgetretene Pfade, die Ihnen nichts bringen. Entscheiden Sie sich für ein Leben mit Höhen und Tiefen: das Wissen, dass Unerfreuliches und Trauriges unvermeidbar zum Leben dazugehören, ist eine wichtige Voraussetzung dafür, die Höhen genießen und auskosten zu können. Das große Auf und Ab des Lebens ist es, das Sie resilient macht; der Schwung, das positive Lebensgefühl, die Vitalität bringt Sie immer wieder nach oben.

10. Faktor: Souverän durchsetzen

„Souverän durchsetzen" bedeutet, dass Sie Ihre Durchsetzungsfähigkeit trainieren und lernen, sich zu behaupten, ohne dabei übermäßig aggressiv oder zu zurückhaltend zu werden. Immer lieb und nett zu sein bringt Sie in der Arena des Lebens ebenso wenig auf die Gewinnerseite wie das Austeilen von unfairen Tiefschlägen. Auf die Balance kommt es an: Zu Stärke gehört untrennbar auch Nachgiebigkeit nach dem Motto: sich biegen, soweit der Sache dienlich – aber niemals brechen. Erkennen Sie die eigenen Interessen und Ziele und verwirklichen Sie diese angemessen, ohne die Qualität der sozialen Bindungen dadurch nachhaltig zu mindern – also gleichermaßen durchsetzungsstark und sympathisch. Dafür müssen Sie Ihr eigenes Statusverhalten überprüfen. Denn wir handeln – meist unbewusst - in jeder Interaktion mit anderen ständig aus, wer gerade das Sagen hat, wessen Vorschläge eher Gehör finden und wer als „Führer" und wer als „Folger" wahrgenommen wird. Mit jeder Geste, jeder Mimik und jedem Satz senden wir Signale, die darüber entscheiden, wie ernst man uns nimmt und wo wir in der Rangfolge landen: Wir präsentieren uns als dominant und überlegen (mit klaren, kurzen Sätzen und ruhigen Bewegungen) oder ordnen uns unter, indem wir viel lächeln und körpernahe Gesten zeigen. Je nach Dosis wirken wir souverän bis arrogant oder sympathisch bis unterlegen. Lernen Sie, in jeder Situation bewusst Ihr Verhalten an das angestrebte Ergebnis anzupassen und die „Statussignale" der anderen zu deuten.

11. Faktor: Arbeitsumfeld gestalten

Arbeit ist doch viel mehr als nur „reiner Gelderwerb". Einerseits verstehen wir darunter natürlich Pflichten und Mühen, aber andererseits auch Selbstverwirklichung und das Anwenden unserer Fähigkeiten, das soziale Miteinander, eine feste Struktur unseres Alltags. Der Arbeitsplatz ist wesentlicher Teil der eigenen Identität. Kein Wunder, dass die Arbeitsumgebung starken Einfluss auf unsere Widerstandskraft nimmt. Und doch: Wie viele von uns gehen täglich zur Arbeit, obwohl sie keine Lust dazu haben. Und wie viele haben keine konkrete Vorstellung davon, was eigentlich anders sein sollte, damit es besser oder gut wäre. Aber nur, wenn wir uns darüber klar werden, was uns fehlt und welche Bedingungen wir brauchen, um motiviert arbeiten zu können, können wir den „Lebensraum Arbeitsplatz" aktiv gestalten. Denken Sie daran: Selbst wenn noch nie jemand vor Ihnen als Führungskraft in Teilzeit gearbeitet hat, können Sie der Erste sein, der danach fragt! Auch wenn die aktuelle Unternehmenskultur keine Spielräume für Ihre Wünsche anzubieten scheint, ein Versuch ist es immer wert, sich für eine Veränderung einzusetzen! Die Chancen steigen, dass Sie bekommen, was Sie wollen, wenn Sie konkrete Vorschläge zur Umsetzung machen und sich gut auf mögliche Einwände vorbereiten, um passende Argumente für Ihr Vorhaben ins Feld führen zu können. Selbst wenn die Arbeitsbedingungen dann noch immer nicht traumhaft sein mögen, können wir auch den jetzigen Job zumindest annähernd zu dem machen, den wir immer haben wollten!

Und ansonsten gilt wie immer: Lassen sich auch manche Rahmenbedingungen nicht ändern, über unsere Einstellungen und Gedanken haben wir allein die Macht ...

1.4 Schreckgespenst psychische Erkrankung

Sie haben nun schon viel über den Vormarsch von psychischen Erkrankungen gehört und Sie wissen jetzt: Die Stärkung Ihrer Resilienzfähigkeit kann Sie davor schützen. Aber wissen Sie auch, wovor Sie sich da eigentlich schützen und ob aktuell Handlungsbedarf besteht?

Wenn Sie gerade down sind, sind Sie dann schon psychisch erkrankt? Ist jemand, der psychisch krank ist, „verrückt" und gehört in die „Klapse"? Zunächst einmal: Es gibt nicht die eine „Schublade" mit der eindeutigen Beschriftung „Das hier ist psychisch krank" und eine andere mit „Das hier ist gesund". Die Übergänge sind – wie bei körperlichen Erkrankungen auch – fließend, mehr noch, auch die eindeutige Trennung zwischen „körperlich" und „psychisch" ist gar nicht wirklich möglich. Niemand ist einfach entweder gesund oder krank. Ein Mensch kann mehr oder weniger gesund bzw. krank sein und bewegt sich mit seinem Befinden irgendwo in einem Bereich zwischen den beiden maximalen Ausschlägen. Denken Sie beispielsweise an eine Erkältung: Sind Sie zu 100 Prozent krank, wenn Ihnen die Nase läuft?

Wo Sie sich gerade befinden, ist nur eine aktuelle Standortbestimmung, die sich nahezu täglich ändern kann. Sie selbst leisten einen entscheidenden Beitrag dazu, in welche Richtung die Reise geht. Wenn Sie Ihre Resilienzfaktoren stärken, bewegen Sie sich mehr aufwärts Richtung Gesundheit, wenn Sie Ihre Belastungsgrenzen ständig übergehen und sich selbst ausbeuten, geht es abwärts.

Die wesentliche Voraussetzung für seelische Gesundheit ist die Fähigkeit, die eigenen Emotionen auch in kritischen Situationen steuern und positiv beeinflussen zu können. Je höher der Stress ist, dem Sie ausgesetzt sind, und je länger er andauert, umso schwieriger wird Ihnen dies möglicherweise erscheinen. Genauso wie es zu körperlichen Symptomen kommt, wenn jemand beispielsweise zu viele Marathonläufe in zu kurzer Zeit absolviert und dabei seine Gelenke kaputtgehen, kann es auch im seelischen Bereich zu Überlastungen kommen, die sich entweder in körperlichen Symptomen wie Herzinfarkt und Co. äußern – oder die Psyche eines Menschen verändern und letztlich in einer psychischen

Erkrankung münden können. Fast der einzige Unterschied: Ein Herzinfarkt und körperliche Erkrankungen insgesamt sind gesellschaftlich akzeptiert, seelische Erkrankungen werden aus ungerechtfertigter Scham und Hilflosigkeit lieber verschwiegen.

Dabei gilt: Zu 100 Prozent gesund ist man im Grunde nie, das Leben fordert seinen Tribut ... Oder wie Friedrich Nietzsche sagte: „Gesundheit ist dasjenige Maß an Krankheit, das es mir noch erlaubt, meinen wesentlichen Beschäftigungen nachzugehen."

Immerhin leidet jeder Dritte einmal im Jahr für einen begrenzten Zeitraum oder dauerhaft an mindestens einer psychischen Störung, wie Studien nicht nur aus dem deutschsprachigen Raum zeigen. Viele leiden an mehreren gleichzeitig. Mit psychischen Störungen sind dabei keine kurzfristigen Durchhänger gemeint, sondern geistig-emotionale Beschwerden und Zustände mit hohem Leidensdruck, die kaum willentlich beeinflussbar sind und die Lebensführung stark einschränken.

Am häufigsten kommen Angst und Zwangsstörungen vor, gefolgt von Depressionen und Manien, Alkohol und Drogenabhängigkeit und Ess-Störungen. Und manchmal endet die Krankheit im Selbstmord. Jedes Jahr nehmen sich etwa 10.000 Menschen das Leben. Ich selbst kenne gleich mehrere Unternehmen, in denen es zu Selbstmorden gekommen ist, über die nur hinter vorgehaltener Hand gesprochen wird ...

Niemand ist als gesamte Person krank. Es gibt nur in jedem von uns Anteile, die auf eine Art und Weise auf Stressreize reagieren, die uns schwächen. Die Reaktion auf Reize lässt sich „umprogrammieren" – wir können lernen, aus einer Vielzahl von stärkenden Handlungsoptionen eine bewusste Auswahl zu treffen.

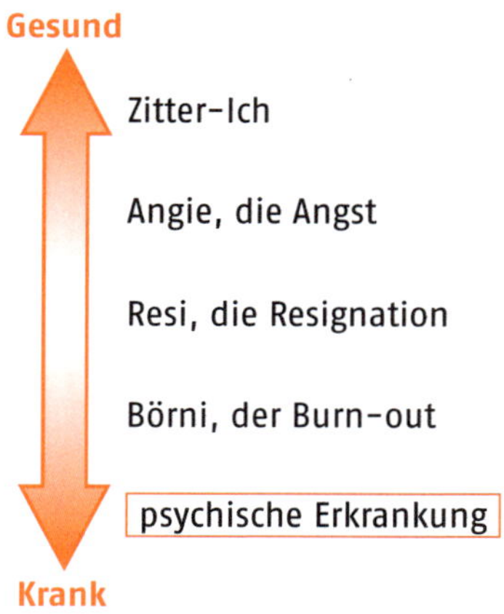

Psychische Gesundheit und Resilienz

Psychische Gesundheit ist laut der World Health Organisation WHO ein Zustand des Wohlbefindens, in dem der Einzelne seine Fähigkeiten ausschöpfen, die normalen Lebensbelastungen bewältigen, produktiv und fruchtbar arbeiten kann und imstande ist, etwas zu seiner Gemeinschaft beizutragen. Psychische Gesundheit ist eng mit der körperlichen Gesundheit verbunden und ist mehr als Abwesenheit von Krankheit. Resilienz wirkt dabei wie ein Schutzschild vor psychischen Erkrankungen und stärkt wie eine Art seelisches Immunsystem Ihre innere Widerstandskraft.

Verdrängen hilft nicht

Sich selbst das Leben zu nehmen ist die Extremform dessen, was wir Menschen typischerweise tun, um schmerzhafte Gefühle und Leid nicht spüren zu müssen; häufiger findet man Vermeiden, Betäuben, Verdrängen, Unter-den-Teppich-Kehren und Ausweichen – notfalls eben dem Leben insgesamt.

Diese typisch menschliche Fähigkeit, unangenehme bis beängstigende Gefühle nicht an uns heranzulassen, ist Fluch und Segen zugleich: Segen, weil es zur Entwicklung innerer Kraft dazugehört, dass ich mich von Problemen distanzieren kann, damit sie mich nicht auffressen. Fluch, weil andauerndes Ausweichen neue Probleme verursacht und vor allem nicht zum ersehnten besseren (Arbeits-)Leben führt.

Sollten Sie also gerade nicht „gut drauf" sein, können Sie sich getrost auf zwei Dinge verlassen:

1. Dass es Ihnen gerade nicht gut geht, ist ein Zeichen dafür, dass Sie nicht zu den „Ausweichlern" zählen, was Ihnen letztlich mehr Zufriedenheit, Erfüllung und persönlichen Erfolg bringen wird, als wenn Sie zu ihnen gehörten.
2. Hinter der Fassade der Menschen in Ihrer Umgebung, die scheinbar immer alles im Griff haben, sieht es oft ganz anders aus. Denn noch einmal: Jeder Dritte Ihrer Kollegen, Sportkameraden, Vorgesetzten und Mitarbeiter ist aktuell psychisch krank oder hat im zurücklie-

genden Jahr mit einem Problem so sehr gekämpft, dass er entsprechende Symptome entwickelt und möglicherweise sogar an Selbstmord gedacht hat.

Es gibt also keinen Grund, sich das Leben noch zusätzlich schwer zu machen, indem Sie sich wie ein „Loser“ fühlen, der weniger cool als andere wäre, nur weil Ihnen möglicherweise gerade alles zu viel zu werden droht. Ganz im Gegenteil! Sie sind auf dem richtigen Weg. Denn Sie beschäftigen sich gerade mit den Möglichkeiten, Ihre innere Kraft weiterzuentwickeln oder wiederzufinden. Lassen Sie uns zunächst einmal herausfinden, wie es aktuell um Ihren Zustand bestellt ist.

Check: Wie steht es um Sie?

Ehrliche Selbstreflexion ist das Gegenteil von Ausweichen. Und genau dazu sollen Sie die folgenden Fragen anregen. Sie erheben keinen Anspruch auf Vollständigkeit und sollen Ihnen lediglich erste Anhaltspunkte liefern, wo Sie gerade stehen. (Einen ausführlichen Resilienz-Selbstcheck finden Sie in meinem Buch „Die Bambusstrategie. Wie Sie den täglichen Druck mit Resilienz meistern".)

Die Fragen sind vier mehr oder weniger drastischen „Zuständen" zugeordnet:

- Vom vergleichsweise milden „Zitter-Ich"
- über die schon spürbar drastischere „Angie, die Angst"
- zur noch fortgeschritteneren Stressreaktion „Resi, die Resignation", die dann schon sehr deutlich auf einen Handlungsbedarf hinweist, wenn Sie vermeiden wollen, dass Ihnen
- „Börni, der Burn-out" erschöpft winkend auf die Pelle rückt.

Das Zitter-Ich

Der „Zitter-Ich"-Zustand ist relativ harmlos, kommt in jedem von uns gelegentlich vor und verschwindet mit ein wenig Ruhe und Abstand, ein paar Erfolgserlebnissen und Sich-etwas-Gutes-Tun auch wieder. Im

Zitter-Ich-Zustand sind wir seelisch zwar etwas angeschlagen, aber handlungsfähig. Nach einer Niederlage oder einem Schicksalsschlag ist es völlig normal, dass wir uns mehr oder weniger lang „down" fühlen und dem Zitter-Ich Tür und Tor öffnen. Auch wenn man sich von seiner Arbeit wenig erfüllt fühlt, in Stresszeiten öfter seine Bedürfnisse nach Pause, nach Schlaf oder nach Spiel und Spaß übergeht, raubt uns das Energie und Kraft und bereitet dem Zitter-Ich den Boden. Wenn Sie dann noch dazu neigen, sich ständig mit anderen zu vergleichen, und dabei das Gefühl bekommen, dass alle anderen die Dinge besser im Griff hätten als Sie, macht das unzufrieden und schwächt Ihre Widerstandskraft. Kommt dann noch beispielsweise eine ordentliche Dosis Perfektionismus dazu, beginnt unser Ich endgültig zu zittern und wir werden einige der folgenden Fragen mit „Ja" beantworten müssen.

Welche der folgenden Stresssymptome lassen Ihr Ich zittern?

1. Stehen Sie unter Strom selbst nach Feierabend und sind unruhig, ohne genau zu wissen, warum? ☐ Ja ☐ Nein
2. Trinken Sie mehr Alkohol als sonst, um abzuschalten? ☐ Ja ☐ Nein
3. Reagieren Sie gereizt und aggressiv, wenn etwas nicht so läuft wie geplant? ☐ Ja ☐ Nein
4. Trösten Sie sich derzeit oft mit Süßigkeiten und Fast Food? ☐ Ja ☐ Nein
5. Brechen Sie leicht in Tränen aus oder fühlen Sie sich schnell gekränkt? ☐ Ja ☐ Nein
6. Gehen Ihnen zurzeit öfter aggressive Gedanken und Vorstellungen durch den Kopf, die sich gegen andere richten? ☐ Ja ☐ Nein
7. Ziehen Sie sich von Freunden zurück und haben Sie keine Lust mehr auf gesellige Treffen? ☐ Ja ☐ Nein
8. Vergessen oder verlegen Sie im Augenblick öfter wichtige Dinge? ☐ Ja ☐ Nein
9. Knirschen Sie nachts manchmal mit den Zähnen? ☐ Ja ☐ Nein
10. Sind Sie tagsüber oft müde und erschöpft, obwohl Sie ausreichend Schlaf hatten? ☐ Ja ☐ Nein

11. Tun Sie sich momentan schwer, Entscheidungen zu treffen? ☐ Ja ☐ Nein
12. Sind Sie gerade anfälliger für Infektionen wie beispielsweise Erkältungen? ☐ Ja ☐ Nein
13. Trinken Sie mehr Kaffee und rauchen Sie mehr als normalerweise? ☐ Ja ☐ Nein
14. Leiden Sie häufiger als früher unter Kopfschmerzen, Magenproblemen oder Herzklopfen? ☐ Ja ☐ Nein
15. Strengen Sie sich mehr an als früher und trotzdem gelingt Ihnen weniger? ☐ Ja ☐ Nein

Vom diffusen „Ich bin nicht gut drauf" im Zitter-Ich-Zustand zum „Ich kann nicht mehr", wenn Börni, der Burn-out, Ihnen schon zuwinkt, ist es manchmal nur ein kurzer Weg. Und gerade diejenigen, die sich nie vorstellen konnten, dass sie sich einmal so fertig fühlen könnten, dass sie nicht einmal mehr aus dem Bett aussteigen wollen, neigen fatalerweise dazu, ihre inneren Akkus so tief zu entladen, dass dann gar nichts mehr geht. Ich hatte schon Menschen im Coaching, die in der akuten Phase ihres Burn-outs nicht einmal mehr in der Lage waren, sich am Telefon mit ihrem Namen zu melden. Und genau die dachten lange Zeit: „Das kann mir doch nicht passieren. Ich habe eine Konstitution wie ein Pferd." Nehmen Sie also bitte auch das Zitter-Ich ernst und sehen Sie jedes „Ja" als Warnsignal.

Angie, die Angst

„Angie, die Angst", ist schon deutlich unangenehmer und möchte etwas aufwendiger „beachtet" werden, damit sie wieder verschwindet.

Angst ist ein normales Gefühl, das dafür gemacht ist, uns vor Gefahren zu schützen. Zur Krankheit wird Angst dann, wenn sie dauerhaft unser Leben beeinträchtigt und uns dazu bringt, immer mehr Dinge zu vermeiden, die wir eigentlich gerne tun würden. Meist geht es dabei um diffuse Ängste, die sich nicht auf einen bestimmten Auslöser zurückführen lassen. 80 Prozent aller Führungskräfte leiden darunter!

Angst gibt es in unterschiedlicher Ausprägung von leichter Unsicherheit bis zur Panikattacke. Bei einer Panikattacke kommt es plötzlich zu Herzrasen, Schwindel, Atemnot, verschwommenem Sehen usw., ohne dass dafür eine körperliche Ursache gefunden werden könnte und meist ohne erkennbaren Auslöser. Andauernde Angst erzeugt Stress, der uns blockiert, falsche Entscheidungen treffen lässt, damit die Angst wie in einem Teufelskreis verstärkt und schließlich zur vollständigen Erschöpfung führt.

Machen Sie sich in der Regel Sorgen oder bekommen Sie Angst

1. bei Veränderungen im Job und im Leben? ☐ Ja ☐ Nein
2. wenn Sie etwas nicht ändern können und einfach hinnehmen müssen? ☐ Ja ☐ Nein
3. bei der Vorstellung, dass das Arbeitspensum so bleibt oder noch steigt? ☐ Ja ☐ Nein
4. bei der Vorstellung, dass Sie das, was Sie jetzt tun, bis ans Ende Ihrer Tage tun werden? ☐ Ja ☐ Nein
5. wenn Sie an das bevorstehende Gespräch mit einem Mitarbeiter, Vorgesetzten, Kollegen, Bekannten denken? ☐ Ja ☐ Nein
6. beim Gedanken daran, sich jemandem anvertrauen zu sollen? ☐ Ja ☐ Nein
7. wenn Sie jemandem etwas abschlagen und „Nein“ zu einem Auftrag sagen wollen? ☐ Ja ☐ Nein
8. davor, zu versagen oder die in Sie gesetzten Erwartungen nicht erfüllen zu können? ☐ Ja ☐ Nein
9. davor, nicht akzeptiert oder anerkannt zu werden? ☐ Ja ☐ Nein
10. davor, die gestellten Aufgaben nicht mehr bewältigen zu können? ☐ Ja ☐ Nein
11. davor, zu erkranken? ☐ Ja ☐ Nein
12. davor, aus Ihrer Position gedrängt zu werden? ☐ Ja ☐ Nein
13. Haben Sie häufiger das Gefühl, gleich in Ohnmacht zu fallen? ☐ Ja ☐ Nein
14. Bleibt Ihnen öfter die Luft weg? ☐ Ja ☐ Nein
15. Haben Sie oft Katastrophenfantasien? ☐ Ja ☐ Nein

Resi, die Resignation

Resignation geht auf das Grundgefühl, hilflos und ohnmächtig zu sein, zurück. Wer beispielsweise mehrere Personalabbau-Wellen erlebt hat, von denen jede einzelne als die letzte angekündigt wurde, wer immer wieder ohne Ergebnis alles gegeben hat, um sich für den darauffolgenden Neuanfang zu engagieren, wer seine Energie lange Zeit in immer neue Projekte gesteckt hat, die alle irgendwie im Sande verlaufen sind, weil schon das übernächste Projekt mit A priorisiert wurde, der läuft Gefahr, abzustumpfen und zu resignieren.

Wer dauerhaft das Gefühl hat, trotz aller Anstrengungen nichts bewirken zu können, der wird früher oder später keine Energie mehr mobilisieren können und aufgeben. Das hat dramatische Auswirkungen auf Wohlbefinden und Verhalten: Es lässt jede Initiative erlahmen und macht depressiv. Resignation ist also ein weiterer Pflasterstein auf dem Weg zum Schreckgespenst Burn-out oder, noch schlimmer, zu einer „echten" psychischen Erkrankung.

Haben Sie aktuell „Besuch" von Resi?

1.	Kommt Ihnen alles sinnlos vor?	☐ Ja	☐ Nein
2.	Haben Sie die Lebensfreude verloren?	☐ Ja	☐ Nein
3.	Fühlen Sie sich meistens hilflos und als Opfer der Umstände?	☐ Ja	☐ Nein
4.	Sind Sie oft sehr sarkastisch?	☐ Ja	☐ Nein
5.	Ziehen Sie sich stark aus Ihrem sozialen Umfeld zurück?	☐ Ja	☐ Nein
6.	Fühlen Sie sich innerlich einsam und isoliert, selbst wenn Sie unter Leuten sind?	☐ Ja	☐ Nein
7.	Fühlen Sie sich zu erschöpft für Freizeitaktivitäten?	☐ Ja	☐ Nein
8.	Würden Sie die meiste Zeit am liebsten gar nichts machen?	☐ Ja	☐ Nein
9.	Sehen Sie sich als Versager, der nicht mit seinem Leben klarkommt?	☐ Ja	☐ Nein

10. Greifen Sie oft zu Beruhigungs-/Schlafmitteln oder Psychopharmaka? ☐ Ja ☐ Nein
11. Behalten Sie Ihre Sorgen lieber für sich, als mit anderen darüber zu sprechen? ☐ Ja ☐ Nein
12. Vernachlässigen Sie schon längere Zeit Ihre Freunde und/oder Ihre Hobbys? ☐ Ja ☐ Nein
13. Haben Sie das Gefühl, ein Opfer statt Herr der Lage zu sein? ☐ Ja ☐ Nein
14. Werden Sie von Freunden oder Ihrer Partnerin/Ihrem Partner besorgt auf Ihren Zustand angesprochen? ☐ Ja ☐ Nein
15. Vernachlässigen Sie Ihr Äußeres? ☐ Ja ☐ Nein

Börni, der Burn-out

Einen Burn-out kann jeder bekommen, besonders oft engagierte, leistungsfähige und zielorientierte Menschen, wie beispielsweise Führungskräfte. Vor allem 40- bis 60-jährige, beruflich erfolgreiche Personen sind betroffen.

Da sich diese Erkrankung zu Beginn oft eher durch überschießende Aktivität äußert, bleibt das mahnende Winken von Börni, dem Burn-out, typischerweise häufig unbemerkt. Die Betroffenen sprühen zunächst noch vor Ideen, leisten freiwillig Mehrarbeit, machen sich unentbehrlich und sind ständig im „Muss nur noch kurz die Welt retten"-Modus unterwegs. Dass hier bereits der Beginn der Erkrankung liegt, erkennen Burn-out-Patienten oft erst im Rückblick während der Therapie.

Eigene Bedürfnisse und Kontakte zu Bekannten, Freunden, später auch zu den engsten Verwandten und Partnern bleiben auf der Strecke. Nach der anfänglichen Zeit des hochdrehenden Aktionismus kommen dann phasenweise Müdigkeit und ein schlappes Gefühl dazu. Manchmal dauern diese matten Phasen nur eine Woche, nach der es den Betroffenen schon wieder besser geht. Dann verfallen viele gleich wieder in einen Aktivitätsrausch, bis sie sich am Ende der Abwärtsspirale schließlich innerlich vollkommen leer fühlen. Symptome und Verlauf der Erkrankung sind sehr unterschiedlich und hängen sehr von der Persönlichkeit und dem individuellen Umfeld der Betroffenen ab. Der Übergang von den vorherigen Zuständen zu einem Burn-out ist fließend und es gibt neben Stress zahlreiche Ursachen, die zu einer totalen Erschöpfung führen können: Depressionen, Angststörungen, Schilddrüsenunterfunktion, Leberfunktionsstörungen, Probleme mit Herz und Kreislauf oder beispielsweise auch Krebs. Wenn Sie sich ausgebrannt fühlen, sollten Sie sich also in jedem Fall fachärztlich untersuchen lassen.

Die von Betroffenen gern gewählten Versuche, sich selbst zu therapieren – beispielsweise mit Alkohol und Drogen –, machen die Sache nur schlimmer.

Glühen Sie noch oder mutieren Sie schon zum Aschehaufen?

1. Kommen Ihnen oft die Tränen in Situationen, die Sie sonst gelassen weggesteckt haben? ☐ Ja ☐ Nein
2. Drehen sich Ihre Gedanken im Kreis und lassen sich weder sortieren noch stoppen? ☐ Ja ☐ Nein
3. Finden Sie häufig Worte, die Ihnen eigentlich geläufig sind, nicht wieder (Wortfindungsstörungen)? ☐ Ja ☐ Nein
4. Haben Sie ständig Schlafstörungen? ☐ Ja ☐ Nein
5. Sind Sie dauernd gereizt? ☐ Ja ☐ Nein
6. Stehen Sie ständig unter Spannung, sind unruhig und fühlen sich wie ein gehetztes Reh? ☐ Ja ☐ Nein
7. Häufen sich in den letzten Monaten körperliche Beschwerden wie Rücken-, Kopf- oder Gelenkschmerzen? ☐ Ja ☐ Nein
8. Beobachten Sie an sich unwillkürliche Ticks wie ständiges Kratzen, Räuspern o. Ä.? ☐ Ja ☐ Nein
9. Können Sie sich auf nichts mehr konzentrieren? ☐ Ja ☐ Nein
10. Haben Sie häufig gedankliche Ausfälle (Blackouts)? ☐ Ja ☐ Nein
11. Haben Sie andauernde Verdauungsbeschwerden? ☐ Ja ☐ Nein
12. Leiden Sie unter starkem Bluthochdruck? ☐ Ja ☐ Nein

13. Haben Sie häufige Stimmungsschwankungen von „himmelhochjauchzend" zu „zu Tode betrübt" in schnellem Wechsel? ☐ Ja ☐ Nein
14. Denken Sie über Selbstmord nach? ☐ Ja ☐ Nein
15. Können Sie nicht mehr auf „Krücken" wie Alkohol, Beruhigungsmittel oder Wachmacher verzichten? ☐ Ja ☐ Nein

Auswertung:

Nun haben Sie also mehr oder weniger oft „Ja" angekreuzt. Hoffentlich weniger oft bei Resi und Börni. Je mehr „Jas" Sie vor allem in diesen drastischeren Bereichen haben, umso deutlicher ist der Hinweis, dass Sie noch ein gutes Stück besser auf sich achtgeben sollten und dass dieses Buch Ihnen nützlich sein wird.

Wie viele „Jas" es auch immer sein mögen, die gute Nachricht ist: Wie auch immer Sie sich gerade fühlen, die Steuerfähigkeit über die Anteile in Ihnen, die gerade „verrückt" spielen, lässt sich zurückgewinnen.

Dabei ist es hilfreich, die Symptome als Feedback und Hinweis auf Bedürfnisse, die nicht erfüllt werden, zu nehmen. Sie haben wie jeder Mensch alle Kompetenzen, die Sie brauchen, um auch mit den allerübelsten Herausforderungen klarzukommen. Es kann zwar sein, dass Sie aktuell keinen Zugriff auf diese Kompetenzen haben, aber sie lassen sich wieder aktivieren und erweitern.

Dieses Bündel an Kompetenzen, die Resilienz, ist in Ihnen angelegt, wie in jedem von uns. Wenn dies nicht so wäre, hätten Sie es gar nicht bis hier und heute geschafft und würden jetzt nicht in diesem Buch lesen. Denn sicher haben Sie schon den einen oder anderen Sturm überlebt!

Der Mensch wächst mit seinen Aufgaben. Resilienz auch. Und je resilienter Sie sind, desto weniger kann Ihnen Stress etwas anhaben. Gleichgültig, wie die Bedingungen sind: Resilienz befähigt Sie, damit umzugehen.

Wann sollten Sie sich spätestens Hilfe holen?

Stress und seinen Folgen können Sie oft sehr gut vorbeugen und im akuten Fall oft selbst bewältigen. Dazu finden Sie im Buch eine Vielzahl von Anregungen.

In folgenden Fällen sollten Sie aber spätestens zum Arzt gehen:

- Wenn Sie Symptome haben, die auch eine körperliche Ursache haben können, wie beispielsweise vermehrtes Schwitzen, Herzrasen, Magenkrämpfe, Schwindel etc.
- Wenn die aktuelle Stressbelastung so groß ist, dass Ihr Leben in die Brüche zu gehen droht. Beispielsweise wenn Sie Ihren Verpflichtungen im Job nicht mehr nachkommen können oder Ihre Partnerschaft daran zu zerbrechen droht.
- Wenn Sie Phänomene an sich feststellen, die Sie nicht einordnen können, wie z. B. verschwommen sehen, Stimmen hören, die Sie niemandem zuordnen können, Panik ohne Auslöser.
- Wenn Sie sich oder andere schädigen, indem Sie z. B. verstärkt zu Suchtmitteln greifen oder zu Jähzorn mit Gewaltausbrüchen neigen.
- Wenn Sie an Selbstmord denken.
- Wenn Sie bei Börni vorwiegend „Ja" angekreuzt haben und kaum noch ein Fünkchen Glut in sich entdecken.

In diesen Fällen sollten Sie sich den Gefallen tun und sich einmal für einige Wochen ganz aus dem Alltag zurückziehen und in eine darauf spezialisierte Klinik gehen. Im Falle eines kompletten Burn-outs hilft nämlich nichts anderes mehr und Sie könnten sich demnächst nicht einmal mehr zum Lesen aufraffen ...

Wie Sie sich selbst stärken

2

„Arbeite an deinem Inneren. Da ist die Quelle des Guten, eine unversiegbare Quelle, wenn du nur immer nachgräbst."

MARC AUREL

Die vielfältigen Anforderungen in Beruf und Privatleben, wie wir sie im ersten Teil beleuchtet haben, verlangen uns heutzutage einiges ab. Doch kommt der Druck nur von außen? Nein, der Druck kommt nicht nur von außen, sondern ganz erheblich auch aus unserem Inneren. Innere Muster wie beispielsweise der Hang zum Perfektionismus, schlecht Nein sagen können und Ähnliches halte ich für die stärksten „Drucktreiber"! Deshalb fokussiere ich in diesem Kapitel auf Ihre innere Kraft: Was können Sie aus eigener Kraft tun, um Ihre Situation zu verbessern und gesund zu bleiben? Wie können Sie Ihre persönliche Widerstandskraft – Ihre Resilienz – steigern?

Nicht alle Beschäftigten sind auf das Resilienzkonzept gut zu sprechen, manch einer meiner Kunden muss zum Start unserer Zusammenarbeit erst einmal davon überzeugt werden, dass es nützlich sein wird, das eigene Wohlergehen selbst in die Hände zu nehmen, und dass dies nicht automatisch ein Eingeständnis ist, selbst schuld daran zu sein, wenn man sich überlastet fühlt. Eine verständliche Befürchtung meiner Coachees liegt nämlich häufig darin, dass die Verantwortung dafür, wie viel Druck sie aushalten können, ihnen wie der „Schwarze Peter" untergeschoben wird und dass es bei all dem Gerede über Resilienz nur darum geht, auch noch den allerletzten Tropfen Energie aus ihnen herauszupressen.

Diese Befürchtung kann ich gut nachvollziehen und in manchen Fällen mag dies tatsächlich der Beweggrund einzelner Arbeitgeber sein. Ich stimme den Kritikern insofern zu, als dass natürlich auch der maximal resiliente Mensch Mindestbedingungen braucht, die erfüllt sein müssen, damit er nicht eingeht wie eine ungegossene Pflanze.

Auch wenn es wünschenswert wäre, dass sich beispielsweise das Arbeitspensum verringern ließe, glaube ich: Die einzige Chance, dem Druck von außen auf Dauer standzuhalten, liegt darin, die eigene innere Kraft weiterzuentwickeln, statt nur zu hoffen, die Rahmenbedingungen im Unternehmen entscheidend verändern zu können. Denn Letzteres ist nicht sehr realistisch und liegt meist nicht im Einflussbereich der Betroffenen. Die eigene Resilienz jedoch kann jeder für sich selbst weiterentwickeln – unabhängig von den Rahmenbedingungen, ganz gleich, wie auch immer die geartet sein mögen. Im Folgenden zeige ich Ihnen, wie das geht.

2.1 Mit der Durchschlagskraft einer Bohrmaschine

In jedem meiner Seminare wünschen sich Führungskräfte in erster Linie Tools und Techniken, die leicht umsetzbar sind und in der Praxis ohne großen Lernaufwand sofort Anwendung finden können. Weniger gefragt sind aufwendigere Strategien zur Entwicklung der eigenen Persönlichkeit. Speziell für die Herren der Schöpfung, die sich manchmal nicht allzu sehr für das Thema Selbstreflexion erwärmen können, habe ich dazu das Bild der Bohrmaschine entwickelt, das ich Ihnen jetzt vorstelle. Liebe Leserinnen, ich weiß, viele von Ihnen haben selbst eine Bohrmaschine, und selbst wenn nicht, wird es schnell klar, was eine Bohrmaschine mit unserem Thema hier zu tun hat.

Resilienz braucht Antrieb aus der Innenwelt

Resilienz erwächst aus einem Bündel an Fähigkeiten, den 11 Resilienzfaktoren, die alle aus Ihrer Innenwelt gespeist werden. Das Fundament, auf dem Sie Ihre schon vorhandenen Fähigkeiten weiter aufbauen können, ist zuallererst das Bewusstwerden der eigenen Gedanken, Gefühle, Motive, Einstellungen und Impulse. Wenn Sie Ihr Denken, Fühlen und Tun quasi aus der Vogelperspektive betrachten können, bauen Sie damit eine wohltuende Distanz zwischen dem, was auch immer von außen auf Sie zukommt – einem Reiz –, und dem, was die Situation in Ihnen auslöst und wozu Sie diese treibt – Ihre Reaktion auf den Reiz –, auf.

Nur wenn Sie bewusst eine Wahl über Ihr Denken, Fühlen und Handeln treffen können, statt sich von all den Felsbrocken des Lebens in eine Richtung steuern zu lassen, die Sie eigentlich nicht beabsichtigen, können Sie in sich selbst die Schutzburg bauen, die Sie fast unverwundbar macht.

Der Antrieb kommt aus der Bohrmaschine

Tools und Techniken? Na klar!

Geht es Ihnen genauso? Sind Sie begierig, einfache Werkzeuge dafür an die Hand zu bekommen? Die werden Sie bekommen. Versprochen. Denn Tools und Techniken sind eine tolle Sache. Tatsächlich gibt es für jede noch so „harte“ Situation ein Werkzeug, das Ihnen dabei hilft, die Härte zu durchdringen, damit dahinter der Weg zur Lösung sichtbar werden kann.

Allerdings wäre es unrealistisch zu glauben, man könne dazu quick & easy in ein Werkzeugköfferchen greifen, um lediglich eine oberflächliche Verhaltensanweisung, eine Checkliste oder einen Überzeugungstrick herauszugreifen, und die Sache wäre geritzt. Ohne einen Ausflug in Ihre Innenwelt, um Ihre Gedanken, Gefühle und Einstellungen zu überprüfen und gegebenenfalls zu modifizieren, kommen Sie nicht aus, wenn Sie nachhaltig erfolgreich, kraftvoll und zufrieden sein möchten.

Tools und Techniken sind wie die Aufsätze auf einer Bohrmaschine: Für jeden „Härtegrad“ gibt es einen speziellen Aufsatz: einen für das Durchdringen von Holz, einen anderen für Metall und wieder einen anderen für Stahlbeton.

Diese Aufsätze sind definitiv sehr nützlich. Aber stellen Sie sich vor, Sie würden versuchen, den Aufsatz mit Ihren bloßen Händen in die Wand zu bohren: Wie viel Durchschlagskraft könnten Sie auf diese Weise wohl erzielen? Selbst wenn Sie den Aufsatz absolut passend auswählen, würden Sie spätestens bei Stahlbeton feststellen, dass es so nicht funktioniert. Um Erfolg zu haben, brauchen Sie die Kraft, die der Motor im Inneren der Bohrmaschine auf die Aufsätze überträgt. Nur damit können Sie selbst Stahlbeton durchdringen.

Genauso ist es bei Ihnen: Ihre Fähigkeit, „harte“ Situationen durchzustehen und zum Guten zu wenden, kommt nicht in erster Linie von Tools und Techniken, die Sie sich aneignen, sondern aus Ihrem Inneren. In Ihrem Inneren finden Sie den Motor, der den Tools und Techniken die notwendige Durchschlagskraft verleiht.

Der Motor der inneren Kraft

Ihr „Motor“ besteht aus dem, was Sie denken, fühlen und wünschen, aus Ihrer inneren Haltung, Ihrer Einstellung den Dingen gegenüber, Ihren Werten und Zielen. Ihr innerer Motor ist es auch, der den Wunsch, Tools und Techniken erlernen zu wollen, speist. Aus ihm kommen unsere Motivation und unser Antrieb, etwas zu lernen und zu tun.

Wenn Sie noch einmal an die typischen Brocken in unserem Inneren vom Anfang des Buches zurückdenken, wird vielleicht schon klarer, was ich mit der Ebene „Motor“ meine: Da spreche ich beispielsweise von „Knöpfen“ bzw. empfindlichen Punkten, die jemand bei Ihnen treffen kann. Auf der Toolebene haben Sie vielleicht gelernt: „Wenn ich 3-mal tief durchatme, werde ich ruhiger und kann dann souverän reagieren.“ Auf der Ebene „Motor“ steht hinter dem Versuch, tief zu atmen, um sich zu beherrschen, beispielsweise der Wunsch, in einer solchen Situation souverän auftreten zu können, eine Moralvorstellung, sowie Gedanken und Gefühle einer solchen Situation gegenüber: „Wer schreit, hat unrecht" oder „Ich lasse mich doch nicht auf dessen Niveau herab!" oder vielleicht „Ich fühle mich unwohl, wenn es laut wird" . Wir haben möglicherweise mehrfach die Erfahrung gemacht, dass wir diesen „Antitypen", die unsere Knöpfe drücken, recht hilflos gegenüberstehen, und daraufhin hat unser Motor irgendwann den Wunsch geboren, künftig mit einem Tool gegensteuern zu können.

Blockaden im Getriebe ...

Gleichzeitig kommen aus dem Motor oft aber auch Gedanken und Vorstellungen, die das eigentliche Ziel, souverän zu bleiben, torpedieren und unterlaufen: „So lasse ich nicht mit mir umgehen! Das lasse ich mir nicht gefallen! Das darf NIEMAND mit mir tun!!" oder „Solche Typen konnte ich noch nie leiden, dieses Verhalten ist einfach unverschämt! Dem muss man dringend einmal die Flügel stutzen!".

Und schon ist zwar das Tool „3-mal atmen, um das Gefühlswirrwarr zu beruhigen" immer noch richtig und nützlich, reicht aber nicht aus, um in der Situation tatsächlich cool zu bleiben.

Oder jemand hat das Ziel, ganz bis „nach oben" zu kommen. Das Ziel kommt aus dem Motor und treibt die Motivation an, die es braucht, sich alle dafür nötigen Techniken und Tools anzueignen. Das Ziel und die daraufhin erlernten Techniken werden den Weg nach oben befördern. Aber gleichzeitig kann es wieder Gedanken, Einstellungen und Gefühle geben, die uns im Weg stehen, wenn sie unbewusst bleiben und deshalb nicht modifiziert werden können: „Wenn ich ganz oben bin, kann ich endlich bestimmen, wie es läuft." Dabei könnte man das in Wirklichkeit weitestgehend schon jetzt und verpasst durch diese krude Einstellung möglicherweise das Beste im Leben – und der daraus resultierende Dauerstress ist hausgemacht. Oder: „Nur wenn ich bis an die Spitze komme, beweise ich, dass ich gut bin." Und wenn man es nicht schafft? Dann war das Leben umsonst?

... und wie man sie löst

Es ist also nicht nur „nice to have" und auch kein „Psychoquatsch", wenn wir unseren Motor durch die Reflexion unserer Innenwelt besser kennenlernen. Ganz im Gegenteil: Den Motor bei seiner Arbeit beobachten zu können und zu wissen, was er tut, ist schlicht notwendig, wenn wir sein Tun in unserem Sinne beeinflussen können wollen und wenn wir in der Lage sein wollen, begrenzende und unsere Ziele boykottierende Gedanken abzustellen!

Und für Sie als Führungskraft ist es noch dreimal wichtiger, denn nur wenn Sie sich selbst führen können, ohne dabei in Stress zu geraten und ohne entweder wie das sprichwörtliche „HB-Männchen" an die Decke zu gehen oder ins Gegenteil zu verfallen, nämlich den Rückzug anzutreten und in Handlungslähmung zu erstarren, werden Sie Ihre Mitarbeiter erfolgreich führen können.

Ich würde mich sehr freuen, wenn Sie jetzt denken: „Okay, dann mache ich mich mal auf die Reise in die Innenwelt. Scheint ja wirklich nützlich zu sein." Und ich hoffe, Sie verzeihen, wenn ich Ihnen jetzt sage: Es geht noch eine Ebene tiefer hinab in die „Psychogruft". Denn da gibt es noch etwas:

Strom für den Motor

Der Motor einer Bohrmaschine läuft nur dann, wenn sie an eine Steckdose angeschlossen wird und Strom fließt. So ist es auch mit unserem inneren Motor. Unsere „Stromzufuhr" liegt noch eine Ebene tiefer in unserem Unterbewussten. So wie Strom unsichtbar ist, sehen wir auch nicht, was in den Tiefen unserer Innenwelt passiert. Und genau wie bei Strom, der eine immense Wirkung entfaltet, obwohl wir ihn nicht sehen können, nimmt unsere Stromzufuhr aus dem Unterbewussten erheblichen Einfluss auf unsere Gedanken, Motive und Wünsche und treibt sie an, so wie Strom den Motor der Bohrmaschine. Von uns meist unbemerkt, bestimmt diese dritte Ebene, was wir fühlen, denken und damit letztlich, was wir tun. So kommt es, dass wir auf einen Reiz häufig wie ein ferngesteuerter Roboter reagieren, ohne dass uns das auch nur auffallen würde. Wir sind im „Robotermodus".

Bezogen auf das Beispiel von weiter oben, in dem jemand denkt (Motor), nur wenn er es ganz nach oben schafft, hätte er bewiesen, dass er gut ist, könnte die „Stromzufuhr", der Beweggrund aus der Tiefe, für diesen

Gedanken in etwa folgendermaßen aussehen: Vielleicht hat vor langer Zeit der Vater einmal oder mehrfach etwas gesagt wie „Aus dir wird sowieso nichts Rechtes“, und jetzt möchte man ihm unbedingt beweisen, dass man eben doch in der Lage ist, eine herausragende Karriere hinzulegen. Oder man hat sich in den Aufstiegsgedanken verbissen, weil man sich insgesamt klein und minderwertig fühlt, weil man einige Male nicht das geschafft hat, was man sich vorgenommen hat, und sich jetzt angestrengt beweisen will. Ehrgeiz ist an sich vollkommen in Ordnung.

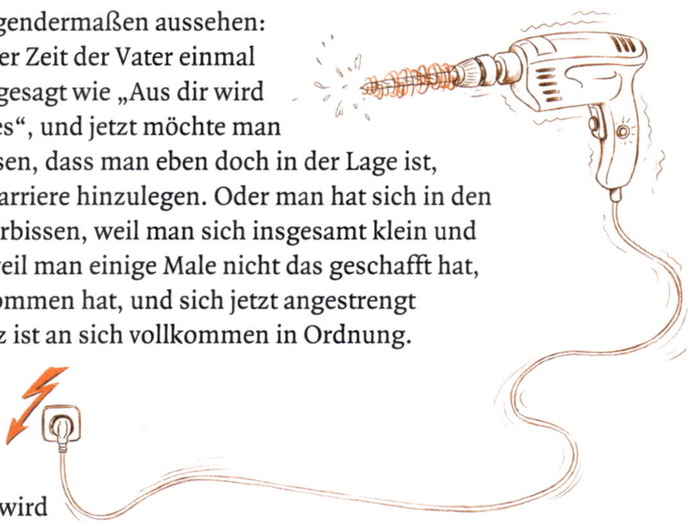

Wenn er uns allerdings beherrscht und wir fast schon besessen davon sind, wird er uns das Leben vermiesen, und wieder einmal haben wir uns Stress hausgemacht.

Die gute Nachricht: Schon allein dadurch, dass uns der Input aus dem Motor und seiner Stromzufuhr bewusst wird, verlieren die schwächenden Inhalte an Macht über uns. Und die stärkenden Anteile aus den beiden Ebenen, die es ja Gott sei Dank genauso gibt, können wir dann gezielt für unseren Erfolg und den Aufbau von mehr innerer Kraft nutzen. Aber dazu müssen wir sie kennen ...

Innere Kraft auf allen Ebenen

Bei der Bohrmaschine braucht es alle drei Ebenen zusammen, damit auch die härteste Wand durchbohrt werden kann:

- Ohne Aufsätze nützt die stärkste Maschine nichts,
- ohne Stromzufuhr auch nicht.
- Die Aufsätze und der Strom alleine werden ebenfalls keine Wand durchbohren, es fehlt der Motor.

Bei der Maschine hängt das alles zusammen, und so ist es auch bei uns Menschen. Wenn Sie Ihre persönliche „Durchschlagskraft“ – Ihre Resilienzfähigkeit – nachhaltig weiterentwickeln wollen, brauchen Sie also sowohl Tools als auch die Kräfte aus Ihrem inneren Motor und der Stromzufuhr, die ihn antreibt.

Die verborgenen Übeltäter: „Stinkende Lebern“

Meine erste eigene Wohnung hatte ich mit 16 Jahren. An einem Tag im Sommer 1981 komme ich nach Hause und bemerke angeekelt, dass es in meiner Wohnung fürchterlich stinkt. Ich habe keine Idee, was das sein könnte, reiße erst einmal alle Fenster auf und mache mich dann auf die Suche nach der Ursache des schrecklichen Gestanks. Ich suche und suche. Erfolglos. Am nächsten Tag stinkt es noch viel erbärmlicher und wieder mache ich mich auf die Suche. Wieder nichts! Erst am dritten Tag und nachdem ich alle Möbelstücke verschoben habe und zuunterst nach oberst gekehrt habe, entdecke ich den Übeltäter: Ein kleines Stück Leber ist mir beim letzten Kochen unbemerkt hinter die Spüle gefallen und rottet seitdem vor sich hin. Den Gestank können Sie sich vielleicht vorstellen ...

Drei Tage lang habe ich an fast nichts anderes denken können, eine Menge Energie verloren und mich dabei mies gefühlt.

Was hat diese Geschichte aus meiner Jugend mit Ihrem inneren Motor und mit der Stromzufuhr, der ihn antreibt, zu tun, fragen Sie sich? Nun, auch in uns Menschen gibt es „stinkende Lebern“. So nenne ich, analog zu meiner oben beschriebenen Erfahrung, lange unbemerkt vor sich hin gammelnde, aber im Unbewussten wirkende Dinge, die uns – obwohl sie uns nicht bewusst sind – eine Menge Kraft kosten und zu inneren Kämpfen führen. Das können unhinterfragte Glaubenssätze sein, die wir im Laufe unseres Lebens gebildet haben und nach denen wir oft unbewusst handeln oder reagieren, oder Meinungen, die wir unreflektiert übernommen haben und die heimlich, still und leise Einfluss auf uns nehmen, sodass wir wie ferngesteuert reagieren.

Ein kleines Beispiel: Meine beste Freundin Michaela kenne ich seit gut 30 Jahren. Eines Tages fragte ich sie, welche Partei sie eigentlich wählt. Ich dachte, nach so einer langen Zeit kann man das ja einmal fragen. „Ich wähle ABC", sagte sie. Und ich dachte: „Igitt! Meine beste Freundin wählt ABC, das ist ja widerlich ..." (die Stimme aus meinem „Motor", meiner inneren Einstellung). Weil ich meine Freundin aber ansonsten sehr schätze, dachte ich noch einmal genauer nach. Und da fiel mir auf, dass ich eigentlich keinen Grund habe, ABC-Wähler zu verteufeln, denn ich habe eigentlich nicht genug Ahnung, um mir eine fundierte Meinung dazu bilden zu können. Mir fiel weiter auf, dass meine Abneigung gegen ABC-Wähler ganz einfach daher kommt, weil ich in einem überzeugten DEF-Haushalt aufgewachsen bin. Das ist eine prägende Sozialisation, (der Strom, der den Motor, nämlich meine Einstellung, antreibt), die mir zuvor nie bewusst war, die aber durchaus Einfluss auf meine Verteilung von Sympathie und Antipathie hatte. Hätte sich meine beste Freundin nicht geoutet und hätte ich diese „stinkende Leber" in mir nicht gefunden, hätte ich wohl nie bemerkt, dass auch ABC-Wähler nette Menschen sein können ...

Dies ist im Vergleich dazu, was stinkende Lebern noch anrichten können, ein wirklich harmloses Beispiel, macht aber hoffentlich klar, was ich meine. Auch Sie werden die eine oder andere stinkende Leber in sich haben, die von Ihnen unbemerkt ihr Unwesen treibt und Einfluss auf Ihr Denken, Ihr Fühlen und damit auf Ihr Handeln nimmt. Wenn Sie die Leber finden, hört es auf zu stinken, die „Verstopfung" Ihrer Energie ist aufgelöst, der Strom fließt wieder und treibt Ihren Motor wieder mit voller Kraft an. Zwei typische und weit fatalere stinkende Lebern als die ABC-Abneigungsleber finden Sie im Folgenden.

1. Die stinkende Leber „Perfektionismusmonster"

Die wenigsten Menschen haben ihren Drang, alles möglichst perfekt erledigen zu wollen, freiwillig gewählt, dieser Stressauslöser ist eine der stinkenden Lebern in uns. Wir haben das drängende Gefühl, nicht anders zu können, als ständig 300-prozentig unterwegs zu sein, und merken oft nicht, dass das Streben nach permanenter Höchstleistung auf Kosten der eigenen Zufriedenheit und Gesundheit geht. Das „Perfektionismusmonster" aus dem „Motor" in uns treibt uns ständig zu noch mehr Vollkommenheit an, flüstert uns unrealistisch hohe Ansprüche ein, und wir geraten dabei bis zur Überforderung unter Druck.

Aber woher kommt dieses Monster? Woher bekommt das Monster

Strom? Woher kommt dieser Zwang, alles perfekt machen zu wollen?

Die Nahrung (oder die Stromzufuhr) des Perfektionismusmonsters sind Ihre Ängste: die Angst vor Ablehnung und die Angst zu versagen. Auch sehr lecker für dieses stinkende Wesen: ein großes Bedürfnis nach Anerkennung. Hinter der Angst und der Sucht nach Anerkennung steckt meist ein geringes Selbstwertgefühl, das heißt, der Resilienzfaktor Selbstliebe ist eher schwach ausgeprägt. Die Selbstliebe oder – psychologisch ausgedrückt – das Selbstwertgefühl entwickelt sich in den ersten sieben Lebensjahren. Aber nur dann, wenn ein Kind in dieser Zeit vermittelt bekommen hat, dass es liebenswert und vollkommen in Ordnung ist so, wie es ist. Wenn aber oft das Gefühl vorherrscht, die Eltern würden es nur dann lieben, wenn es viel leistet und Erfolg hat, dann erwacht das Perfektionismusmonster in dem Kind und fängt an zu stinken.

Und das Monster macht uns glauben, dass wir nur als fehlerloser Mensch und nur, wenn wir immer das Optimum erreichen, von anderen gemocht werden. In der Folge fällt es Menschen schwer, sich selbst anzunehmen und mit sich und dem eigenen Tun zufrieden zu sein.

Kurztest: Sind Sie ein Perfektionist?

- Ich erledige meine Arbeit oft unter großer psychischer und körperlicher Anspannung und kann schlecht abschalten. ☐ Ja ☐ Nein
- Ich finde häufig kein Ende bei der Arbeit, weil ich oft denke, ich könnte etwas noch besser machen. ☐ Ja ☐ Nein
- Ich kann meine Erfolge und Leistungen oft nicht genießen. ☐ Ja ☐ Nein
- Ich werde meinen eigenen hohen Ansprüchen nur selten gerecht und sehe oft nur das, was ich hätte besser machen können. ☐ Ja ☐ Nein
- Ich kritisiere und verurteile mich oft selbst hart für meine Unvollkommenheit. ☐ Ja ☐ Nein

---

Wie Sie Perfektionismusmonster bändigen

Wenn Sie auch nur einmal „Ja“ angekreuzt haben und der Perfektionsfalle entkommen wollen, geht es nicht darum, schlampig, unzuverlässig und unverantwortlich zu werden. Es geht auch nicht darum, nur Mittelmaß abzuliefern. Aber machen Sie sich klar, dass wahre Perfektion eine Illusion ist! Und lassen Sie sich nicht von dem Monster steuern. Stellen Sie ihm den Strom ab und übernehmen Sie den Vorsitz in Ihrer Innenwelt, indem Sie in jeder Situation eine bewusste Entscheidung treffen: Wie viel Einsatz wollen und können Sie bringen? Fragen Sie sich: In welchem Verhältnis steht der Aufwand zum Ergebnis? Und erlauben Sie sich ein wohlwollendes „Ich kann nur tun, was ich tun kann. Das ist genug“.

Jedes Mal, wenn Sie sich selbst fertigmachen und gegen sich selbst in den Ring steigen im aussichtslosen Versuch, mehr als 100 Prozent zu geben, schwächen Sie damit den Resilienzfaktor Selbstliebe, und das Perfektionismusmonster wird immer fetter. Sie nähren es quasi mit Starkstrom!

Wenn ein Perfektionismusmonster in Ihnen wohnt, werden Sie es nur dann besänftigen, wenn Sie

- sich selbst eine gute Freundin, ein guter Freund sind und sich so verhalten, wie Sie das von einem Freund auch erwarten würden: nachsichtig, geduldig, wohlwollend, nicht verurteilend und streng.
- das Monster als vorhanden akzeptieren und nicht mit ihm kämpfen. Je mehr Sie es unbedingt loswerden wollen, umso mehr krallt es sich in Ihnen fest.
- sich stattdessen lieber auf die Lücke zwischen Reiz und Reaktion konzentrieren, um von dort aus eine bewusste Wahl zu treffen, wie weit Sie dem Monster nachgeben wollen. Damit schalten Sie dem Monster den Strom ab …

Dabei werden Ihnen die Übungen im folgenden Kapitel zum Thema Achtsamkeit besonders helfen. Denn Achtsamkeit ist ein unübertroffenes Instrument, um die Tätigkeit Ihres inneren Motors und seiner Stromzufuhr erst zu beobachten und dann dafür zu nutzen, stinkende Lebern und nervige Monster unschädlich zu machen.

80 Prozent sind genug

Es genügt, wenn Sie IHR Bestes geben, passend zu IHREN individuellen Möglichkeiten, Grenzen und Bedürfnissen. Immer 100 Prozent zu geben, schafft niemand, und in den allermeisten Fällen reichen 80 Prozent auch mehr als aus.

Wenn Sie wieder einmal den Drang zur Perfektion in sich spüren und mit einer Aufgabe ewig nicht fertig werden, sprechen Sie freundlich zu diesem Teil in Ihnen und sagen Sie ihm: „80 Prozent sind genug." Machen Sie diesen Satz zu einer Art Mantra, mit dem Sie sich selbst immer wieder daran erinnern, dass Ihre vermeintliche Unvollkommenheit gut genug ist. Und damit Sie es nicht vergessen, kleben Sie sich an eine geeignete Stelle ein Post-it zur Erinnerung hin oder tragen Sie einen Zettel mit dem Satz in Ihrem Portemonnaie. Oder beides. Denn doppelt hält besser.

2. Die stinkende Leber „Selbstoptimierungswahn"

Ein Bruder des Perfektionismusmonsters ist der Selbstoptimierungswahn. Er kann uns das Leben zur Hölle machen und die Stromzufuhr für unseren Motor bis auf null stellen. Statt wie sein Bruder unsere Arbeit perfektionieren zu wollen, bringt dieser uns dazu, uns selbst ständig optimieren zu wollen, um immer noch besser, schneller, schöner, kompetenter und erfolgreicher zu werden. Die Folge: nie nachlassender Stress!

Ob in der Rolle als Liebes- und Lebenspartner, Führungskraft, Vater oder Mutter – ständig sitzt Menschen mit Selbstoptimierungswahn der kräftezehrende, nie abreißende Anspruch, zu den Besten zu gehören, im Nacken. Top-Figur, gebildet wie Einstein, immer up to date, ein Universalgenie, dabei immer perfekt gestylt, mit einem spannenden Hobby, mindestens 5-sprachig, ganz oben auf der Karriereleiter und am besten Professor, Vorstandsmitglied und Erster Vorstandsvorsitzender eines global agierenden exklusiven Verbandes noch obendrein. Wenn dann noch die Mitgliedschaft bei Mensa, der Vereinigung der intelligentesten Menschen der Welt, dazukommt, erst dann fühlen sich Menschen mit einem dicken fetten Selbstoptimierungswahn in sich einigermaßen okay.

Funkeln statt Funktionieren
Am allerschlimmsten erscheint mir, dass dabei fast alles, was das Leben lebenswert macht, komplett in den Hintergrund gedrängt wird.

Das Gefühl, ganz besonders toll sein zu müssen, ist unglaublich anstrengend und treibt Menschen auf eine Art voran, dass sie schließlich ihre hart erkämpften Erfolge nicht einmal mehr genießen können. „Okay, ich hab den Posten. Was kommt als Nächstes?" Und weiter gehts! Bei all dem Aufwand, der getrieben werden muss, um ganz vorne dabei zu sein, „funkelt" bald nichts mehr: Ganz gleich, wie sehr man sich auch anstrengt, es gibt immer noch etwas viel Tolleres zu erreichen, und die Etappenziele auf dem Weg scheinen keinen Hauch von Freude wert zu sein. Immer weiter und weiter, bis das Funkeln der Begeisterung in den Augen erlischt, um bloßem Funktionieren – wenn auch auf Top-Niveau – Platz zu machen.

Ariadne von Schirach spricht in einem Interview zu ihrem Buch „Du sollst nicht funktionieren" vom „Dasein als Leistungsshow", was es aus meiner Sicht auf den Punkt bringt. „Unsere Körper, unsere Beziehungen und unsere Persönlichkeit unterwerfen wir zunehmend den Regeln der ökonomischen Sphäre – Effizienz, Berechenbarkeit und Profitmaximierung. Wir ernähren uns gesund, glauben jeden Winkel unseres Ichs zu kennen und versuchen, in allen Lebenslagen gut auszusehen. Wir wollen alles richtig machen – was nur ein anderer Ausdruck dafür ist, immer die Kontrolle zu behalten. Dieses Sicherheitsdenken verbannt jegliche Form von Exzess, Wagnis und Überschwang. Und das macht das Leben fade."

So isses. Und es stresst obendrein ungemein.

Die Ursachen bzw. die Stromzufuhr für diese fiese stinkende Leber sind die gleichen wie beim Perfektionismusmonster. Dazu kommt ein hohes Kontroll- und Sicherheitsbedürfnis, meist erwachsen aus der Angst davor, nicht mithalten zu können, nicht gut genug zu sein, die Vielzahl der Anforderungen nicht in den Griff bekommen zu können und den Überblick zu verlieren.

Wie Sie den anstrengenden Bruder wieder loswerden

Falls Sie einen kleinen oder größeren „Bruder Selbstoptimierung" in sich erkennen: Machen Sie sich klar, dass Sie sich in dem Versuch, ein optimaler Mensch zu werden, eher vom Leben trennen, statt es voll auszuschöpfen. Werden Sie sich außerdem bewusst, dass der Wunsch nach Selbstoptimierung häufig aus der Tatsache erwächst, dass Ihnen ein „Leitstern" fehlt, auf den Sie sich ausrichten könnten: Ihr persönlicher Leitstern bündelt Ihre Vision von dem, wie Sie Ihr Leben erschaffen möchten, den Sinn, den Sie Ihrem Tun beimessen, und die Ziele und Werte, die Ihnen lohnend erscheinen. Er gibt Ihnen die Gewissheit, auf dem richtigen Weg zu sein, selbst wenn zahlreiche Felsbrocken das Gehen behindern, und erhält damit das Funkeln und die Energie zum Weitermachen am Leben. Er ist die Antwort auf die Fragen: „Wer will ich sein? Wo will ich eigentlich hin? Wozu ist das gut?"

Denn was würde es Ihnen nützen, wenn Sie angestrengt immer weiter auf der Leiter des Lebens nach oben klettern, wenn Sie am Ende feststellen müssen, dass die Leiter an der falschen Wand steht? Mit einem Leitstern bekommen wir einen mächtigen Resilienzfaktor dazu, der unsere Stromversorgung aus dem Unterbewusstsein dazu bringt, für uns statt gegen uns zu arbeiten. Das Sinnieren über folgende Leitfragen unterstützt Sie dabei, Teile Ihres Leitsterns zu finden:

- Was tue ich im Rahmen meiner Arbeit so gerne, dass ich sogar dafür bezahlen würde, um es tun zu dürfen?
- Warum stehe ich morgens auf und gehe zur Arbeit? (Und wenn die Antwort nur lautet: „Damit ich meine Familie ernähren kann", Sie brauchen eine Antwort!)
- Kann ich zur vorigen Antwort ein klares Commitment abgeben, ein klares „Ja" sagen? (Dauerzweifel höhlen innerlich aus! Ein „Ja" ist oft nur eine Entscheidung!)
- Welcher Wert und welches Ziel sind die Überschrift über alle anderen Werte und Ziele?
- Wie kann ich diese „Überschriften" an meinem Arbeitsplatz zumindest teilweise verwirklichen? (Die Antwort „Geht nicht" gilt nicht!)

Suchen Sie außerdem in Ihrem Umfeld nach Vorbildern, die – obwohl offensichtlich nicht perfekt – sehr glücklich sind. Wenn Sie darauf fokussieren, werden Sie Beispiele finden, das garantiere ich Ihnen! Und lassen Sie auch mal fünfe gerade sein!

Weitere Hinweise zur Entwicklung eines Leitsterns finden Sie in der Bambusstrategie.

Das Funkeln zurückerobern

Holen Sie sich das Funkeln in Ihren Augen zurück, wenn es verloren gegangen sein sollte!

1. Stellen Sie den Timer in Ihrem Mobiltelefon auf 1 Minute ein und schreiben Sie spontan und ohne langes Nachdenken alles auf, was Sie glücklich macht. Das können gerne Kleinigkeiten sein.
2. Streichen Sie all die Dinge durch, die Ihnen Bruder Selbstoptimierung eingeflüstert hat: ein Aston Martin oder Maserati, ein Schloss, eine tolle Wohnung, teure Schuhe ...
3. Suchen Sie sich aus den übrig gebliebenen Dingen eines aus, das Sie HEUTE tun können, und tun Sie es möglichst gleich! (Auf meiner Liste steht beispielsweise: der Geruch und der Geschmack von frisch gebackenem Käsekuchen. Wenn ich einen Tag habe, an dem ich mich kleiner fühle, als mir lieb ist, backe ich mir eben einen Käsekuchen :-). Da steht auch drauf: barfuß im Gras gehen, das Gesicht in die Sonne halten mit geschlossenen Augen und tanzen, ...)

Machen Sie sich nicht auch noch selbst zusätzlich Druck! Konzentrieren Sie sich auf das Wesentliche in Ihrem Leben. Denn Sie werden realistisch betrachtet nie alles zu 100 Prozent und in perfekter Manier erledigen können! Die Kunst besteht darin, auf die Dinge zu fokussieren, die wirklich wichtig für Sie sind. Und zwar nicht nur in Bezug auf Ihren Job, sondern auch für Ihr sonstiges Leben. Welche Dinge möchten Sie voranbringen? Was macht Sie zufrieden und stark? Was trägt zu Ihrem Erfolg bei? Wie Sie mit weniger Energieaufwand die Dinge „am Laufen halten“, die sich für Sie lohnen – dabei unterstützt Sie die folgende Übung.

Die vier chinesischen Teller

Wenn Sie schon einmal im Zirkus oder in einer artistischen Show waren, kennen Sie sicher auch die faszinierenden chinesischen Tellerdreher, oder? Sie wissen schon, diese Menschen, die zehn Teller gleichzeitig auf Stangen jonglieren, keiner darf herunterfallen und dazu müssen die Teller die ganze Zeit über in der Drehbewegung bleiben.

In Zeiten, in denen Sie sich wie ein solcher Artist fühlen, weil Ihr Leben sich immer schneller zu drehen scheint und Sie kaum noch hinterherkommen, alle Teller oben zu behalten, wenn Sie am Limit sind und große Sehnsucht nach Erholung und „Freidrehen" haben, es Ihnen aber schwerfällt, sich aus der Situation rauszuziehen, weil so extrem viel zu tun ist, dann hilft Ihnen diese Übung. Sie hat sich in zahlreichen Trainings und Coachings bewährt:

Schritt 1: Teller auswählen – Priorisieren einmal anders

Wenn es an allen Ecken und Enden brennt und Sie sich ausgelaugt fühlen, dann hilft manchmal nur noch: neu priorisieren.

Eigentlich wäre es gut, in einer solchen Situation eine Pause und einmal gar nichts zu machen. Allerdings schaffen wir Menschen es meist nicht, die Füße hochzulegen, wenn doch gerade sooo viel zu tun ist. Wenn wir trotz der Masse an To-dos gar nichts machen würden, verschlimmert das meist nur das schlechte Gefühl und die innere Unzufriedenheit. Dann sind Sie zusätzlich noch mit sich selbst unzufrieden. Deshalb empfehle ich Ihnen, sich alternativ an diesen Tagen nur mit dem Allernotwendigsten zu beschäftigen, damit es weitergeht und Sie die Nerven nicht verlieren. Und das geht so:

Überlegen Sie sich maximal vier Bereiche, die für Ihre Zufriedenheit und Ihren Erfolg wichtig sind. Das kann zum Beispiel ein Projekt sein, das Ihnen sehr wichtig und für Ihre Karriere entscheidend ist, der nächste Beförderungsschritt, die Rettung Ihrer Ehe, die Verbesserung Ihrer Beziehung zu Ihren Kindern.

Während ich dieses Buch schreibe (natürlich unter Druck, weil der Abgabetermin schon so nah ist ...), bereite ich gleichzeitig meinen Soul@Work-Kongress vor, ein Riesenprojekt, Kunden wollen betreut sein und mein Körper gibt mir zu verstehen, dass es ihm gerade alles zu viel, wird. Zwei Hunde, ein Pferd, meine Freunde, Bürokram, Akquise und 1000 andere Sachen kommen dazu, der ganz normale Wahnsinn eben. Und immer das Gefühl, mir könnte etwas „auf die Füße fallen", ich könnte etwas Wichtiges vergessen. Ich vermute, Sie kennen das aus Ihrer Arbeitspraxis auch: dieses Phänomen, dass man sich in solchen Zeiten verzettelt, nicht mehr weiß, wo man überhaupt anfangen soll, und dann manchmal entweder total überdreht in einen blinden Aktionismus verfällt oder aber erst einmal gar nichts macht. Sich allerdings dabei auch nicht erholt, weil man die ganze Zeit im Kopf hat: „Es gibt so viel zu erledigen." Mir jedenfalls geht es manchmal so ... Da kam ich auf die Idee mit den Tellern, und sie hat sich nicht nur für mich, sondern auch für zahlreiche Coachingkunden bewährt.

Meine aktuellen vier Teller heißen „Buch", „Kongress", „Akquise" und „Gesundheit".

- *Teller „Gesundheit": Um alles am Laufen zu halten, dürfen mich jetzt Körper und Nerven nicht im Stich lassen. Wenn ich handlungsfähig bleiben und mich weiter auf die Projekte Buch, Kongress und meinen Lebensunterhalt konzentrieren können will, müssen mein „Gehäuse" und mein Denkapparat intakt bleiben.*
- *Teller „Buch": Es soll rechtzeitig fertig werden und es befördert außerdem meine Reputation am Markt und damit mein Einkommen, also letztlich meine Lebensgrundlage.*
- *Teller „Kongress": Soul@Work ist mein Herzensprojekt, mein Leitstern, das, was mir Sinn und Ausrichtung gibt. Außerdem hervorragendes Marketing für mich, gut für die Reputation und damit ... Sie wissen schon.*
- *Teller „Akquise": Ohne Moos nix los. Punkt.*

Ein weiteres Beispiel:

Herr G., ein IT-Bereichsleiter, jongliert gerade seine vier Teller „Sichtbarkeit und Image", „Mitarbeiter einnorden", „Family and Friends" und „Gesundheit".

- *Teller „Gesundheit": Seine Nerven sind gerade nicht die besten und cholerische Anfälle sich nicht gut fürs Image. Außerdem ist er vor Kurzem mit einem Ruhepuls von fast 200 in der Klinik gelandet und sein Herz schlägt nicht immer im Takt. Für sein Hobby Schlagzeug spielen fühlt er sich zu alt und zu kraftlos.*

- *Teller „Sichtbarkeit und Image": Er hat ständig das Gefühl, er müsste noch mehr Fachliteratur lesen, auf dem neuesten Stand bleiben, fachlich besser als alle seine Mitarbeiter zusammen sein, und er fühlt sich weder von seinem Vorgesetzten noch von seinen 53 direkten Mitarbeitern wirklich ernst genommen. Bei den letzten Bonuszahlungen wurde er nicht so bedacht, wie er sich das vorgestellt hat, und ein deutlich jüngerer Kollege wird in letzter Zeit viel höher gehandelt als er. Geradezu gehyped ...*

- *Teller „Mitarbeiter einnorden": Seine Mitarbeiter hängen durch, lassen sich gleich mehrere Wochen krankschreiben, wenn er Kritik äußert, und es haben sich nach einigen Brüllattacken, bei dem ihm zugegebenermaßen echt die Nerven durchgegangen sind, ungute Fronten aufgetan. Sie ziehen nicht mit, delegieren zurück, das Engagement geht insgesamt gegen null.*

- *Teller „Family and Friends": Seine Frau redet fast gar nicht mehr mit ihm, hat einen bitteren Zug um den Mund und vor Kurzem zum ersten Mal von Scheidung gesprochen. Seine älteste Tochter hat vor zwei Jahren den Kontakt zu ihm abgebrochen, und die Kumpel von früher sind bis auf einen, den er allerdings auch schon seit einem Jahr nicht mehr gesehen hat, alle weg.*

Schritt 2: Geeignete Schwunggeber sammeln

Herr G. hat mit mir eine Tabelle erstellt mit einer Liste von Tätigkeiten, die seine Teller in Schwung halten:

Sichtbarkeit und Image	Mitarbeiter einnorden	Family and Friends	Gesundheit
Ich lasse mich weniger oft vertreten, wenn es um Meetings und Präsentationen geht. Zumindest wenn Personen dabei sind, für die ich sichtbar sein sollte (Vorstand etc.).	Ich entschuldige mich für meine Ausbrüche in der letzten Zeit. Ich frage meine Mitarbeiter, wie es ihnen geht, wenn sie von einer Krankschreibung zurückkommen.	Ich sage meiner Frau, wie wichtig sie mir ist und dass ich sie liebe. Ich gehe mindestens einmal im Monat mit meiner Frau aus. Ich verabrede mich einmal im Monat mit meinem Freund.	Ich gehe einen Tag in der Woche konsequent schon um spätestens 17 Uhr nach Hause und trage mir das im Kalender als wichtigen Termin ein, damit meine Assistentin den nicht belegt. Ich baue das Schlagzeug wieder auf und spiele jedes zweite Wochenende.
Ich frage meine Mitarbeiterin Frau S., ob sie mit mir einen Fachartikel erarbeitet, und veröffentliche wieder etwas.	Ich bitte um einen Lösungsvorschlag, wenn wieder ein Mitarbeiter an mich zurückdelegieren möchte.	Ich schreibe meiner Tochter einen Brief.	Ich nutze wenigstens einmal pro Woche das Sportangebot im Unternehmen. Am Anfang mit Personaltrainer, bis es leichterfällt.
Ich lunche mit dem jungen Überflieger.	Ich sage Frau K., womit ich unzufrieden bin und was ich genau von ihr erwarte.	Ich lade meine Tochter auf ein Konzert ein, so wie früher.	Ich gehe an meinem frühen Tag abends mit meiner Frau spazieren.
Ich erwähne das gut gelaufene Projekt bei meinem Chef und weise elegant auf meinen Anteil daran hin.	Ich dokumentiere Vereinbarungen mit meinen Mitarbeitern und halte die Ergebnisse regelmäßig nach.		Einmal pro Woche gehe ich mit dem Hund raus.
Ich lunche mindestens einmal pro Woche mit einer Person aus dem Unternehmen, die mein Netzwerk bereichern könnte.	Ich lade meine Mitarbeiter zum Lunch ein.		Ich mache zwischendurch Entspannungsübungen. Ich lasse mich vom Hausarzt beraten. Ich trinke mindestens einmal pro Woche abends keinen Alkohol.

Welches sind Ihre wichtigsten Teller und was bringt Sie in Schwung? Machen auch Sie sich gleich eine Liste!

Schritt 3: Teller in Bewegung halten

Es gibt Zeiten, da gilt es einfach nur noch handlungsfähig zu bleiben und die notwendigsten Dinge am Laufen zu halten. Wenn die To-do-Liste täglich länger ist, als Sie abarbeiten können, dann wird es wahrscheinlich noch mehr stressen, wenn Sie „einfach einmal gar nichts" tun sollen, wie es gerne empfohlen wird.

Es kann sehr beruhigen, die wichtigsten Teller identifiziert zu haben und sie täglich wieder in Schwung zu bringen, sodass sie wieder ein wenig von alleine weiterdrehen. Das gibt Ihnen das Gefühl von Kontrolle und Struktur zurück und sorgt dafür, dass Ihr Hirn Sie mit andauernden Ermahnungen, doch bitte gefälligst fleißiger zu sein, in Ruhe lässt.

Nehmen Sie sich nun vor, in jedem Ihrer vier Bereiche wenigstens eine Sache zu erledigen, die etwas anstößt, damit es in diesem Bereich vorangeht.

Schritt 4: Einen nach dem anderen

Das Besondere an den chinesischen Tellern ist, dass sie sich – einmal in Schwung versetzt – zumindest eine Zeit lang von alleine weiterdrehen. Ohne Ihr Zutun. Ein anderes Bild dafür wäre: Eine Saat ausbringen und dann wachsen lassen. Gießen ... und wachsen lassen. Düngen ... und wachsen lassen. Während des Wachsens bzw. während sich der Teller weiterdreht, können Sie sich getrost um etwas anderes kümmern. Zum Beispiel um den nächsten Teller.

Und wenn Sie durch je eine Aktivität aus Ihrer Liste alle einmal zum Weiterdrehen gebracht haben, dürfen Sie sich – wenn Sie sehr nah am Limit sind – die Erlaubnis geben, es für diesen Tag gut sein zu lassen. Wenn Sie noch ein wenig mehr Energie haben, fangen Sie einfach wieder beim ersten Teller an und drehen noch eine Runde weiter.

Schritt 5: Dem Lustprinzip frönen

Diese Übung sorgt unter anderem dafür, dass Sie wieder besser das machen können, was Ihnen Freude bereitet und Kraft gibt. Dadurch, dass Sie wissen, dass Sie immerhin Ihre Mindestpflicht getan haben, wird es Ihnen leichterfallen, zwischendurch wieder einmal Luft zu holen und aufzutanken. Das, was Sie in dieser Zeit tun, darf einfach guttun, Spaß machen, völlig zweckfrei sein.

Schritt 6: Relevanz überprüfen

Wenn dieses Buch geschrieben ist und mein Soul@Work-Kongress hinter mir liegt, wird es spätestens Zeit, mir neue Teller auszusuchen. Ein Grund, neue Teller zu wählen, kann also einfach sein, dass eine Phase oder ein Projekt abgeschlossen, ein Ziel erreicht ist. Ein weiterer Grund kann sein, dass Sie feststellen, dass sich Ihre Prioritäten verschieben und dass es damit bei einem oder mehreren Ihrer Teller keinen Sinn mehr macht, diese am Drehen zu halten.

Auch deshalb ist es so wichtig, sich immer wieder einmal die Zeit zu nehmen, sich zu sammeln und neu auszurichten. Und sich beispielsweise zu fragen: Will ich noch schneller, höher, weiter? Oder umgekehrt: Will ich nach einer Phase der „Innenschau" jetzt wieder am Rennen teilnehmen? Brauche ich wieder einmal einen Sieg?

Ein dritter Grund, einen Teller auszutauschen, kann sein, dass Sie feststellen, dass Sie sich in etwas verbissen haben, das keinerlei Aussicht auf Erfolg hat. Wie Herr G., dem mit seinen 60 Jahren bewusst wird, dass sein beruflicher Gipfel erklommen und keine weitere Anhöhe mehr in Sicht ist. Seinen Teller „nächster Karriereschritt" hat er deshalb schon vor längerer Zeit ausgetauscht.

Verlassen Sie die Gitterbox

Wenn wir uns nicht mit unserem Motor und seiner Stromzufuhr beschäftigen, laufen wir Gefahr, unser Leben in einer kleinen stinkenden Gitterbox zu fristen. Die Gitterstäbe bestehen aus den begrenzenden Überzeugungen, die aus vergangenen Erfahrungen entstanden sind, und aus Werten, die wir unhinterfragt übernommen haben. Und es stinkt nach Leber ...

Sie haben nun einen Einblick in Ihren inneren Motor und die dazugehörige Stromzufuhr gewonnen, über die Dinge nachgedacht, die Ihnen wichtig sind und die Sie am Laufen halten wollen, Sie haben überlegt, ob Ihre inneren Überzeugungen Sie behindern oder hilfreich sind, und Ihrem Ziel näher bringen. Damit sind Sie auf dem besten Weg hinaus aus der Gitterbox.

Erstaunlicherweise können wir Menschen es elend lange in einer solchen Box aushalten, ja merken es meistens nicht einmal. Wir spüren nur eine latente Unzufriedenheit, die immer stärker wird, je länger wir hinter Gittern leben. Und dann ist es so weit: Wir können im Verlauf unserer persönlichen Weiterentwicklung die Gitter plötzlich sehen. Wir entwickeln ein Bewusstsein dafür, woraus die Stäbe in Wahrheit geformt sind: beispielsweise aus der Anpassung an die Regeln unserer Eltern, die immer noch in uns stecken, oder aus dem unbewussten Meiden von Situationen, die wir in unangenehmer Erinnerung haben.

Mit der Bohrmaschine unseres weiterentwickelten Bewusstseins durchtrennen wir die Gitterstäbe und verlassen die Box. Endlich frei! Endlich machen, was ich wirklich will! Endlich mein eigener Herr sein!

Endlich frei – wirklich?

Aber während wir uns noch an unserer Freiheit erfreuen, sind wir oft schon unbemerkt in die Gitterbox direkt neben der ersten gestiegen und haben die Tür von innen verschlossen. Denn oft verfallen wir erst einmal in das Gegenextrem: Um uns unsere Freiheit und Eigenständigkeit zu beweisen, rebellieren wir gegen alles, woran wir zuvor geglaubt haben. All das, was unsere Eltern predigten, tun wir gerade nicht, und wir glauben, wenn uns doch Anpassung in die Gitterbox befördert hat, dann wird uns unangepasstes Verhalten aus ihr heraus in die große Freiheit bringen.

Und doch befördern wir uns so auf direktem Wege in die nächste Gitterbox, denn auch mit dieser Haltung handeln wir nicht aus freien Stücken, sondern unter dem Zwang, genau das Gegenteil tun zu müssen. Wir begeben uns einfach unreflektiert in die Opposition. Wir haben uns quasi zu sehr auf die Aufsätze der Bohrmaschine – auf oberflächliche Tools und Techniken – konzentriert und vielleicht schon unseren Motor, aber noch nicht seine Stromzufuhr entdeckt.

Freiheit ist das nicht. Aber zum Trost: Es ist ein notwendiger Entwicklungsschritt, den wir Menschen während unseres Entwicklungsprozesses gehen müssen. Wir bewegen uns von einem Extrem ins andere und dann erst in die „echte Freiheit", wenn wir unsere Stromzufuhr entdecken und damit die Fähigkeit erlangen, eine selbst gesteuerte Wahl zu treffen. Das kann dann auch wieder etwas sein, was wir zuvor vehement abgelehnt haben.

Auf einen Teil unseres Innenlebens können wir über unseren Verstand zugreifen; er ist ein mächtiges Instrument zur Gewinnung von Bewusstheit. Je mehr wir über uns wissen, umso mehr verändert sich unser Denken darüber, wer wir sind, und damit auch unser Verhalten. Sehr viele Probleme lassen sich durch rationale Überlegungen auf diese Weise lösen, und Nachdenken unterstützt uns maßgeblich in unserer Entwicklung zu einer „reifen" freien Persönlichkeit.

Glauben Sie nicht alles, was Sie denken!

Aber das, was wir „Verstand" nennen, ist eigentlich nur eine Ansammlung von Gedanken, die sich gerne auch einmal selbstständig machen, angetrieben von dem Teil in uns, zu dem wir keinen bewussten Zugang haben. „Es denkt uns", ohne unsere bewusste Entscheidung, ob diese Gedanken nützlich sind oder uns zu Frustration bis hin zur Verzweiflung führen und unsere Motivation untergraben. Wir sind dann im „Robotermodus" im Inneren einer Gitterbox und werden von unserer Innenwelt quasi ferngesteuert.

Der Weg aus allen Gitterboxen hinaus liegt in der bewussten Entscheidung, was wir aus ihnen ins weitere Leben mitnehmen wollen, in unserer Wahl, was wir glauben wollen und was nicht, in der Fähigkeit, Dinge so anzuschauen, als sähen wir sie zum ersten Mal, unvoreingenommen und mit offenen Augen.

Der Weg zu dieser Fähigkeit ist die Achtsamkeit – und genau davon handelt das nächste Kapitel.

2.2 Achtsamkeit – der Schlüssel zu mehr Widerstandskraft und Wirksamkeit

„Zwischen Reiz und Reaktion gibt es einen Raum. In diesem Raum hat der Mensch die Freiheit und die Fähigkeit, seine Reaktion zu wählen. In diesen Entscheidungen liegen unser Wachstum und unser Glück."

VIKTOR FRANKL

Träumen Sie manchmal von einer Auszeit? Wahrscheinlich. Wie so viele von uns. Aber Sie wissen: Ich muss weiter funktionieren und kann jetzt nicht einfach weg. Denn mein Job fordert mich JETZT. Sie müssen oft viele Dinge gleichzeitig koordinieren, und in diesem Aktivitätsdickicht fällt es Ihnen manchmal schwer, sich zu fokussieren und zu erkennen, was wirklich wichtig ist. Sie fühlen sich von Ihrem Job gefordert – manchmal auch überfordert – und Sie haben Sehnsucht nach mehr Ruhe und Energie. Sie spüren, dass Sie jetzt auf sich achtgeben müssen, um weiter Ihren verantwortungsvollen Alltag gestemmt zu bekommen.

Immer wieder einmal fühlen Sie sich angestrengt und geraten in Hektik beim Versuch, alles unter einen Hut zu bekommen. Ständig unter Hochdruck fragen Sie sich manchmal, wie lange Sie es wohl noch schaffen, Ihre Arbeit und Ihr Leben mit Freude zu meistern. Immer häufiger fällt in diesem Zusammenhang das Wort „Meditation".

Meditation – mache ich mich damit nicht lächerlich?

Aber ist Meditation in Zeiten, in denen immer noch oftmals eine „harte Hand" gefragt ist, vereinbar mit meiner Rolle als Manager? Als Entspannungsübung geht die Meditation bei vielen Managern ja gerade noch so durch. Aber als tägliche Übung, um Haltung und Wirksamkeit positiv zu beeinflussen? Mache ich mich damit als Führungskraft nicht lächerlich?

Was Sie im Führungsalltag brauchen, können Sie in der Meditation lernen und vertiefen: Innehalten, Konzentrieren, Differenzieren, Fokussieren, Distanzieren, Nicht-(ver)urteilen, Nicht-(vorschnell-)bewerten. Erfahren Sie in diesem Kapitel, welchen Nutzen Achtsamkeits- und Meditationsübungen bringen können und wie Sie mit vier Basiskompetenzen und drei Masterkompetenzen, die Sie durch Meditations-und Achtsamkeitspraxis aufbauen, gleichzeitig die für erfolgreiche Führungskräfte wesentliche Schlüsselkompetenz „Selbstführung" weiter entwickeln.

Nehmen Sie das Steuer selbst in die Hand

Das heißt im ersten Schritt zunächst einmal, mehr Gespür für sich selbst zu entwickeln. In der Konsequenz bedeutet es, im „Driver's Seat" seiner Gedanken- und Gefühlswelt zu sitzen.

Das Problem: Der Gaul geht des Öfteren mit Ihnen durch

Oft lassen sich die Arbeitsbedingungen nicht ändern. Je mehr der Druck steigt, umso weniger sehen wir einen Weg hinaus aus der Stressfalle, umso schwerer fällt es, uns zu beherrschen und nicht ungeduldig, aggressiv, schlecht gelaunt zu reagieren.

Unsere Emotionen im Griff zu haben, ist ein zentraler Resilienzfaktor. Dazu gehört einmal die Fähigkeit, Emotionen wie Ärger, Wut usw. in eine positive Richtung zu lenken und Impulse zu kontrollieren, also in der Lage zu sein, uns selbst zu bremsen, wenn der Gaul mit uns durchgehen möchte.

Das ist gar nicht so einfach!

Die Grundlage für Selbstbeherrschung ist es, zunächst zu erkennen, dass es eine Lücke, eine kleine „Sendepause", zwischen Reiz und Reaktion gibt, und dann die Fähigkeit zu entwickeln, diese als Handlungsspielraum zu nutzen.

Der erste Schritt dahin ist es, sich selbst zu beobachten, um „Gefühlswallungen" schon dann zu bemerken, bevor oder während sie gerade erst entstehen. Dabei unterstützt Sie die nächste Übung.

W.I.T.Z.

„Wir sind, was wir denken. Alles, was wir sind, entsteht mit unseren Gedanken. Mit unseren Gedanken machen wir die Welt."

WEISHEIT VON BUDDHA

Das Fundament für hohe Widerstandskraft ist Selbstbewusstsein – sich seiner selbst bewusst sein, den eigenen Motor und seine Stromzufuhr kennen.

Im Gegensatz zu Tieren und Pflanzen sind wir Menschen in der Lage,

- uns unseres Selbst bewusst zu sein: Ich-Bewusstheit
- über unsere Gedanken und Handlungen bewusst nachzudenken: Selbst-Reflexion
- unsere eigenen Gedanken bewusst zu lenken: mentale Kontrolle
- uns bewusst zu entscheiden, etwas zu tun oder es zu lassen: Entscheidungsfähigkeit
- eigene Ziele bewusst zu formulieren und zu verfolgen: Zielorientierung

Ein Mann will ein Bild aufhängen. Den Nagel hat er, nicht aber den Hammer. Der Nachbar hat einen. Also beschließt unser Mann, hinüberzugehen und ihn auszuborgen. Doch da kommt ihm ein Zweifel: „Was, wenn der Nachbar mir den Hammer nicht leihen will? Gestern schon grüßte er mich nur so flüchtig. Vielleicht war er in Eile. Vielleicht hat er die Eile nur vorgeschützt, und er hat was gegen mich. Und was? Ich habe ihm nichts getan; der bildet sich da etwas ein. Wenn jemand von mir ein Werkzeug borgen wollte, ich gäbe es ihm sofort. Und warum er nicht? Wie kann man einem Mitmenschen einen so einfachen Gefallen abschlagen? Leute wie dieser Kerl vergiften einem das Leben. Und dann bildet er sich noch ein, ich sei auf ihn angewiesen. Bloß weil er einen Hammer hat. Jetzt reicht´s mir wirklich." Und so stürmt er hinüber, läutet, der Nachbar öffnet, doch bevor er „Guten Tag"sagen kann, schreit ihn unser Mann an: „Behalten Sie Ihren Hammer!"

AUS P. WATZLAWICK: ANLEITUNG ZUM UNGLÜCKLICHSEIN

Ihre Bewertung und Interpretation eines Vorfalls – nicht der Vorfall selbst – entscheiden, ob und wie Sie Ihre Ziele erreichen und wie viel Energie Sie dazu einsetzen müssen. Ihre inneren Überzeugungen und Gedanken lösen in der Konsequenz Gefühle und Handlungen aus, die das Ergebnis Ihres Tuns entscheidend beeinflussen. Die berühmte Geschichte von Watzlawicks „Hammermann" macht das eindrücklich deutlich.

Mit der W.I.T.Z.-Analyse erreichen Sie mehr und verbrauchen dabei weniger Energie, Sie werden sehen!

„W.I.T.Z." steht für:
W. = Was ist passiert?
Mit der Erkenntnis, dass die Art und Weise, wie Sie über einen Vorfall denken, Ihre Gefühle und Verhaltensweisen und damit das Ergebnis bestimmen, bekommen Sie einen magischen Schlüssel zur energieoptimierten Zielerreichung in die Hand.

I. = Innere Überzeugung
Sie selbst steuern durch Ihre persönliche Art, die Dinge zu bewerten, Ihre Wahrnehmung und damit Ihre Gefühle. Dabei wirken Ihre inneren Überzeugungen aus Motor und Stromzufuhr wie ein Filter auf die Wahrnehmung dessen, was ursprünglich passiert ist.

T. = Tun
Dies wiederum wirkt sich auf die resultierenden Handlungen aus; Sie haben das Ruder in der Hand.

Z. = Zielerreichungsgrad
Sobald Sie den Filter abwandeln, verändern sich im Umkehrschluss auch Ihre Gedanken, Gefühle, Handlungen und Ergebnisse.

W.I.T.Z. hilft Ihnen, Ihr Handeln sinnvoll auf Ihr Ziel auszurichten, indem Sie überprüfen, inwieweit Ihre inneren Überzeugungen Sie dabei unterstützen oder behindern. Am Beispiel der Geschichte vom Mann und dem Hammer und einem weiteren typischen Beispiel aus dem Berufsalltag lässt sich nach W.I.T.Z. wie folgt analysieren:

Ebene	W. Was ist passiert?	I. Innere Überzeugung	T. Tun	Z. Zielerreichungsgrad
Erläuterung	*Vorfall, Tatsache, Geschehnis, Situation*	*Bewertung, Einschätzung, Interpretation und Gedanken auf Basis von bewussten und unbewussten Werten und Normen, Moralvorstellungen, Bewertungsmaßstäben, Annahmen und Vorerfahrungen*	*Gefühle und anschließende Handlungen als Konsequenz*	*Ihre Handlungen können helfen, Ihre Ziele zu erreichen (Z+), oder sie können entgegengerichtet sein (Z–).*
Beispiel 1	Gestern grüßte der Nachbar flüchtig.	Die Eile ist nur vorgeschützt, er hat etwas gegen mich, der bildet sich etwas ein. Ich würde jederzeit ein Werkzeug ausleihen, er nicht.	**Gefühl:** Leute wie dieser Kerl vergiften einem das Leben. Und dann bildet er sich noch ein, ich sei auf ihn angewiesen. Jetzt reicht´s mir wirklich. **Handlung:** Zum Nachbarn stürmen und ihn anschreien.	**Ergebnis Z–:** Das Ziel, ein Bild aufhängen zu können und dafür einen Hammer auszuleihen, wird nicht erreicht.

Ebene	W. Was ist passiert?	I. Innere Überzeugung	T. Tun	Z. Zielerreichungsgrad
Beispiel 2	Der Vorgesetzte, den ich bald um einen Termin wegen eines Gesprächs zur Gehaltserhöhung bitten möchte, geht im Flur grußlos an mir vorbei.	**1. Möglichkeit:** Er hat so viel zu tun im Moment, sicher war er nur in Gedanken und es hat nichts mit mir persönlich zu tun, dass er mich nicht gegrüßt hat. **2. Möglichkeit:** So ein unhöfliches Verhalten! Er hat nicht den mindesten Respekt vor mir!	**1. Gefühl:** Gelassenheit, Verständnis, selbstbewusst sein **1. Handlung:** Einen weniger arbeitsreichen Moment abwarten und um einen Termin bitten **2. Gefühl:** Unsicherheit, Ärger, sich angegriffen fühlen **2. Handlung:** Terminabsprache vermeiden, nörgeln, Unsicherheit zeigen	**Ergebnis Z+:** Der Termin findet statt. Die Voraussetzungen für einen positiven Gesprächsverlauf sind gegeben. **Ergebnis Z–:** Selbst wenn der Termin stattfinden sollte, besteht ein hohes Risiko, dass keine gemeinsame Wellenlänge gefunden wird.

Die Lösung: Kontrollieren Sie Ihre Gefühle mit Achtsamkeit

Genau das trainieren Sie mit Achtsamkeit. Wenn Sie Achtsamkeit in Ihren Alltag integrieren, gelingt es Ihnen zunehmend leichter, auch in stressigen und emotional aufgeladenen Situationen einen Moment innezuhalten, bevor Sie handeln. In dieser Pause können Sie eine Wahl treffen, wie Sie weiter vorgehen möchten und wie Sie am zielführendsten Wirkung entfalten.

Achtsamkeit befähigt Sie außerdem, Ihren Fokus auf das Wesentliche wiederzufinden und fast schon nebenbei gleich alle 11 Resilienzfaktoren weiterzuentwickeln.

Was meine ich mit „Achtsamkeit"?

Unter „Achtsamkeit" verstehe ich die bewusste Lenkung der Aufmerksamkeit auf den jeweils aktuellen Moment. Diesen Moment gilt es gleichmütig zu beobachten, ohne ihn in die Kategorien „gut" oder „schlecht" einzuteilen.

Die Essenz der Achtsamkeitspraxis ist die Entwicklung des inneren Beobachters, der unvoreingenommen und wohlwollend in die Welt schaut und alles, was ihm begegnet, mit der Haltung „es ist, wie es ist" akzeptiert.

Achtsamkeit ist ein übergeordneter Einflussfaktor: Ganz egal, was Sie tun – ob Sie eine Suppe essen, einen Bericht schreiben, über ein Problem nachdenken oder mit einen Mitarbeiter sprechen: Sie können es auf achtsame Weise tun. Dann wird die Suppe besser schmecken, der Bericht besser gelingen, das Problem leichter gelöst und das Gespräch mit dem Mitarbeiter erfolgreicher verlaufen.

Achtsamkeit gilt als „Herzstück" der buddhistischen Lehre und wird dort als DER Weg zur Aufhebung von Leiden gesehen. Die Wirkung von Achtsamkeitspraxis ist wissenschaftlich belegt und funktioniert auch ganz ohne esoterischen oder religiösen Ballast. Versprochen.

Achtsamkeit bedeutet, alles bewusst wahrzunehmen. Wer sich darum bemüht, ist automatisch in der Gegenwart und macht sich weder um die Vergangenheit noch um die Zukunft Sorgen. Achtsamkeit öffnet uns die Tür zu einer grundsätzlich positiven Perspektive und wirkt gegen einen wesentlichen Stressfaktor: gegen unsere Tendenz, vieles um uns herum negativ zu bewerten, und gegen die Grundüberzeugung, dass man gewiss bald auf ein Problem stößt, das die eigenen Fähigkeiten übersteigt.

Was kann Achtsamkeit?

Achtsamkeit unterstützt Sie dabei, den täglichen Wahnsinn nicht nur zu meistern, sondern dabei auch noch voller Lebensfreude zu sein.

Die Forschungsergebnisse sind beeindruckend: Direkt nach den ersten Übungen fühlen sich Praktizierende besser und schon ab einer Übungszeit von nur acht Wochen lassen sich wissenschaftlich belegbare Effekte nachweisen! Kennen Sie eine andere Methode, die so schnell und einfach solch eindrucksvolle Wirkungen zeigt?

Achtsamkeit:

- reduziert Symptome und Beschwerden (z.B. Stress, Schmerzen, Erschöpfung, Leid, Ängste),
- erleichtert Selbstbeherrschung und Impulskontrolle,
- optimiert die Funktion des Immunsystems,
- verbessert die Stimmung,
- fördert kognitive Fähigkeiten wie beispielsweise Konzentration, Wahrnehmung, Gefühlsregulation, rationale Entscheidungen und Kommunikation,
- fördert gesunden Schlaf und hilft bei Ein- und Durchschlafschwierigkeiten,
- fördert die Fähigkeit zur inneren Zufriedenheit und dem Empfinden von Glück,
- fördert die Fähigkeit zur Empathie und zur fürsorglichen Interaktion mit Mitarbeitern, Patienten, Kindern,
- verbessert die Lebensqualität bei schweren Erkrankungen wie z. B. Krebs,
- reduziert die Aktivität von Genen und die Menge an bestimmten Eiweißstoffen, die bei entzündlichen Reaktionen und der Entstehung von Herzkrankheiten beteiligt sind,
- vermindert das Gefühl von Einsamkeit nach Verlust eines geliebten Menschen nach Tod oder Trennung,

- unterstützt Soldaten bei der Rehabilitation nach Auslandseinsätzen,
- wirkt wie natürliches Anti-Aging: reduziert den altersbedingten Schwund der grauen Substanz im Gehirn, erhält die kognitive Leistungsfähigkeit im Alter und reguliert den Blutdruck,
- steigert Gesundheit, Wohlbefinden, Energie und Lebensfreude und
- es fällt Ihnen leichter, sich in jeder Lebenslage zu entspannen.
- Ihr Selbstvertrauen steigt.

Nutzen Sie die Lücke zwischen Reiz und Reaktion

Achtsamkeit ist der Schlüssel, die Lücke zwischen Reiz und Reaktion zu entdecken und diese dafür zu nutzen, eine Wahl zu treffen: Welches Verhalten wähle ich und mit welchem Gefühl handle ich?

Selbst gesteuert statt im Robotermodus

Die Fähigkeit, einen Reiz nicht wie ferngesteuert mit einer unbedachten Reaktion zu beantworten, sondern gut überlegt aus einer Reihe von Handlungsoptionen frei zu wählen , ist das, was uns von Tieren unterscheidet, und kann uns vor vorschnellen Reaktionen bewahren und uns den nötigen Überblick verschaffen.

In der Achtsamkeitspraxis wird die Wahrnehmung von Reizen bewusst von der darauf folgenden automatischen Reaktion getrennt. Anstatt Impulsen sofort nachzugeben und auf einen Reiz sofort zu reagieren, übt man sich in der Beobachtung, als wäre man ein unbeteiligter Dritter.

Durch die Beobachtung können Automatismen unterbrochen werden. Beispielsweise können Sie üben, einen Juckreiz zu beobachten, ohne gleich automatisch zu kratzen. Dabei werden Sie die Erfahrung machen, dass dieser von selbst wieder verschwindet. Mit der Zeit wird uns auf diese Weise bewusst: Genau wie der Juckreiz endet oder eine störende Fliege ohne eigenes Zutun wieder wegfliegt, vergehen auch unangenehme Gefühle. Daraus entsteht schneller als man glaubt die Fähigkeit, die Dinge so zu nehmen, wie sie sind, also Akzeptanz, ein fundamentaler Resilienzfaktor.

Wenn Sie Situationen akzeptieren, folgt daraus ganz automatisch die Fähigkeit, auch unter großem Druck ruhig zu bleiben und die eigenen Emotionen angemessen ausdrücken zu können, also eine verbesserte Emotionssteuerung. Außerdem entwickeln Sie die Fähigkeit, sich zu beherrschen und das eigene Verhalten auch in Konflikten und stressigen Situationen unter Kontrolle zu haben und in die gewählte Richtung steuern zu können: die Impulskontrolle.

Während Sie sich in Achtsamkeit üben, entwickeln sich diese Fähigkeiten üblicherweise in vier Schritten:

1. Widerstand: „Weghaben wollen“, Vermeidung, Verdrängung, Ausweichen, Dagegen-Gehen.
2. Hinschauen: das Unangenehme (Gefühle, Gedanken, Störungen, ungeliebte Situationen) registrieren und beobachten, ohne es gleich wegzuschieben oder zu verurteilen.
3. Toleranz: Sicheres Aushalten des Unangenehmen und gelassenes Beobachten vom Kommen und Gehen von Gefühlen, Gedanken, Störungen und ungeliebten Situationen.
4. „Waffenstillstand“: Akzeptieren der Dinge, so, wie sie sind, und Fokussierung auf die verborgenen Werte und Chancen.

„Lösung“ kommt von „Loslassen“

In der Achtsamkeitspraxis lernen Sie, Situationen zu beobachten, weil sie eben da sind, nicht, damit sie vorübergehen. Und doch ändern sie sich dabei zum Besseren.

Das hört sich zugegebenermaßen erst einmal ziemlich widersinnig an. Funktioniert aber ausgezeichnet! Nach der „Paradoxen Theorie der Veränderung“ geschieht Veränderung häufig gerade dann, wenn wir aufgehört haben, etwas mit allen Mitteln verändern zu wollen, und seine Unveränderbarkeit akzeptiert haben. Oder anders gesagt: „Lösung“ kommt von „Loslassen“. Im Gegenzug bedeutet echte Akzeptanz dann ebenso, auch positive Situationen und die damit verbundenen angenehmen Gefühle nicht festhalten zu wollen, um sie andauern zu lassen. Sie gehen genauso vorbei wie negative. Der zum Scheitern verurteilte Versuch, sie festzuhalten zu wollen, erzeugt nur Leid.

Es ist urmenschlich, sich nach Stabilität zu sehnen und einen angenehmen Status quo bewahren zu wollen. Wir alle neigen dazu, zu glauben, dass wir das Leben dadurch unter Kontrolle bringen können. Das funktioniert aber nicht. Alles in unserem Leben ist im Fluss und schlägt mal mehr, mal weniger Wellen. Diese Wellen können wir nicht stoppen, wir können nur lernen, sie zu reiten. Die Grundvoraussetzung dafür: Sich nicht gegen die Wellen stemmen! Je mehr wir das versuchen, desto mehr verlieren wir die Kontrolle.

Mit Achtsamkeit gibt Angie, die Angst, Ruhe

Vieles von dem, was Sie als Stress und Druck empfinden, lässt sich auf Angst zurückführen: Angst vor Ablehnung, Angst vor Versagen, Angst vor den Unwägbarkeiten der Zukunft.

Mandelkern an Großhirn: S.O.S.!

An der Entstehung von Ängsten und Stress ist wesentlich die Amygdala beteiligt, ein Teil des limbischen Systems unseres Gehirns, auch Mandelkern genannt. Dieser Kern speichert und vergleicht Gefühlsinformationen all unserer Erlebnisse. Er hat die Aufgabe, Emotionen zu bewerten und uns vor Gefahren zu bewahren, und speichert deshalb unangenehme und traumatische Erlebnisse ganz besonders nachhaltig. Tritt eine auch nur ansatzweise ähnliche Situation auf, erkennt er diese und schlägt sofort „Alarm“, indem er beispielsweise Stresshormone wie Adrenalin oder Noradrenalin ausschüttet.

War ein Ereignis in der Vergangenheit gefährlich, schmerzhaft oder leidvoll, werden alle Situationen, die vom Mandelkern für ähnlich gehalten werden, zum Auslöser einer Stressreaktion bis hin zur Panik. Und zwar vollkommen unabhängig davon, ob die aktuelle Situation tatsächlich vergleichbar ist, und sogar dann, wenn wir uns nicht einmal mehr bewusst an die ursprüngliche Situation erinnern. Unser Körper und unser Gehirn haben mithilfe des Mandelkerns alle diese Situationen gespeichert, und zwar für immer – wenn wir nichts dagegen tun. Und das müssen wir, denn die Folge sind entsprechende emotionale oder körperliche Zustände wie Trauer, Wut, Agressionen oder Herzrasen, Schwindel und Übelkeit, die wir uns nicht immer erklären können, weil die Situation, in der wir uns gerade befinden, eigentlich harmlos ist.

Diese S.O.S.-Meldungen von der Amygdala an das Großhirn sind blitzschnell. Sehr viel schneller als der umgekehrte Informationsaustausch. So schnell, dass unser Mandelkern uns quasi ohne unser Zutun schon auf Gefahren reagieren lässt, bevor wir überhaupt zum rationalen Denken kommen und Einspruch erheben könnten.

Entlarven und entschärfen Sie die vermeintliche Notsituation

Erst wenn es unserem Großhirn und unserem rationalen Denken gelingt, die Situation gedanklich zu entschärfen, erreicht diese Information schließlich wieder den Mandelkern, seine „Warnrufe" und die damit verbundenen emotionalen und körperlichen Reaktionen ebben wieder ab. Der US-amerikanische Psychologe und Neurowissenschaftler Joseph LeDoux von der University of New York drückte es so aus: „Sobald man sich in Gefahr befindet, reagiert man schon. Die Evolution denkt für dich."

Das ist an sich von der Natur sehr sinnig gedacht, denn es wäre schon sehr unpraktisch bis lebensbedrohlich, wenn wir in jeder Situation aufwendig überlegen müssten: Sollte ich jetzt lieber schnell das Weite suchen oder habe ich noch gemütlich Zeit? Spätestens wenn auf dem Fußweg ein Auto mit hoher Geschwindigkeit auf uns zukommt, wäre es schlecht, wenn der Mandelkern uns nicht automatisch und ohne nachzudenken zur Seite springen lassen würde.

Einmal entspannt – immer wieder entspannt

Aber zum Glück lernt die Amygdala fortwährend dazu, und sie reagiert nicht nur auf Stressereignisse, sondern auch auf Entspannungsmomente. In der Folge ist die Wahrscheinlichkeit sehr groß, dass wir uns in einer bestimmten Situation und an einem bestimmten Ort immer wieder entspannt fühlen, wenn wir zuvor in einer ähnlichen Situation an einem ähnlichen Ort eine entspannte, gute Zeit erlebt haben. Das Gefühl von Entspannung wurde vom Mandelkern quasi abgespeichert und wird „vollautomatisch" wieder aktiviert, wenn wir auch nur an diesen Ort, diese Situation denken.

Das heißt auch: Situationen, die bei Ihnen heute noch Angst auslösen, können ins Positive umgewandelt werden und ihren Schrecken verlieren. Allerdings wird das so lange nicht gelingen, solange Sie solche Situationen vermeiden und ihnen ausweichen! Durch die Konfrontation mit solchen Ereignissen und dem Aushalten der damit verbundenen, zunächst noch unangenehmen Gefühle kann Ihre Innenwelt durch die neuen Erfahrungen lernen, sie als ungefährlich zu etikettieren. Daher auch der altbekannte Spruch: „Gehe dahin, wo die Angst ist." Nur dann ist die Weiterentwicklung Ihrer Belastungsgrenze möglich. Diese gar nicht so einfache Aufgabe wird durch Meditation und Achtsamkeitspraxis deutlich erleichtert!

Innerer Frieden – nur etwas für Heilige und Weise?

Wie eine Studie um Dr. Britta Hölzel vom Bender Institute of Neuroimaging an der Justus-Liebig Universität Gießen und Dr. Sara Lazar vom Psychiatric Neuroimaging Research Program am Massachusetts General Hospital belegt, ruft schon ein achtwöchiges Übungsprogramm in Achtsamkeitsmeditation eine in Hirnscans sichtbare Veränderung von Hirnregionen hervor: Die Dichte der grauen Hirnsubstanz in der Amygdala geht zurück und spiegelt sich in der Reduktion des Stress- und Angsterlebens der Studienteilnehmer wider. Dabei nimmt aber die Dichte der grauen Hirnsubstanz in den Hirnarealen, die für Lernen, Erinnern, Selbstwahrnehmung und Mitgefühl zuständig sind, zu.

Um dieses fantastische Ergebnis zu erzielen, haben die Probanden sich lediglich wöchentlich ein Mal durch Meditation in der urteilsfreien Wahrnehmung von Empfindungen, Gefühlen und der Gemütsverfassung geübt und bekamen zusätzlich Audioanweisungen für die persönliche Meditation zu Hause. Schon bei durchschnittlich 27 Minuten Achtsamkeitsmeditation täglich berichteten die Probanden von deutlichen Verbesserungen.

Der Bergsteiger und die Achtsamkeit

Denken Sie noch einmal an das dramatische Erlebnis des Extrembergsteigers Ralston am Anfang des Buches zurück: Ist es nicht erstaunlich, dass ein Mensch nach einer solchen Grenzerfahrung in einem Interview auf die Frage, wie seine Entscheidung wäre, wenn er noch einmal wählen könnte, Folgendes antwortet: „Ich möchte nicht tauschen. Wenn ich den Arm behalten könnte, ohne all diese Erfahrungen, die ich gemacht habe, würde ich mich dagegen entscheiden. Das ganze Ereignis war ein Segen für mich. Mit dem Arm wäre ich wahrscheinlich inzwischen tot oder gerade dabei, mich umzubringen, weil ich weiter dieses Draufgängertum leben würde."

Vollkommen auf sich allein gestellt, musste er sich notgedrungen auf sich selbst besinnen und sich seinen Ängsten und sicher sehr unangenehmen Gefühlen stellen. Er hatte keine Möglichkeiten, auszuweichen, sich abzulenken, und auf Hilfe von außen war nicht zu hoffen. Gezwungen dazu, sich auf sich selbst zu verlassen, fand er in seinem Inneren alles, was er brauchte, um freizukommen. Und er nutzte die Gelegenheit dazu, sich auf das für ihn Wesentliche zu besinnen und sein Leben neu zu ordnen. Heute sagt er, dass dieses mehr als unangenehme Erlebnis ein wichtiger Wendepunkt hin zu einem besseren Leben war, den er nicht missen wolle, obwohl der Preis – der Verlust seines Unterarms – extrem hoch war. Dennoch: Gerade dieses „Auf-sich-selbst-zurückgeworfen-Sein" brachte ihn dazu, sich neu und besser auszurichten.

Ähnliche Phänomene haben Sie sicher schon in Ihrem Umfeld oder gar selbst erlebt: Wir Menschen ändern meist erst dann etwas, wenn der Leidensdruck hoch genug ist und wenn wir nicht mehr ausweichen können, wenn wir unserer Situation und unserer Rolle darin klar ins

Auge sehen müssen. Manch einer braucht schon mindestens einen lebensbedrohlichen Herzinfarkt, bis er die Weichen neu stellt.

Lassen Sie es nicht so weit kommen!

Eine weniger drastische, aber ebenso wirkungsvolle Möglichkeit, zu sich zu kommen, als unter einem Felsen eingeklemmt zu sein oder einen Herzinfarkt zu erleiden, ist, sich in der Kunst der Achtsamkeit zu schulen, sich mit sich selbst zu verbinden und dadurch Zugang zur eigenen inneren Kraft zu bekommen.

No risk, no fun – das Risiko als Ventil?

Übrigens: Ralston spricht von seinem „Draufgängertum", das ihn wohl eines Tages getötet hätte. Warum gehen Menschen häufig solch hohe Risiken ein, indem sie Bergsteigen, Basejumping, Freeclimbing, Bungeespringen oder was es da sonst noch an risikoreichen Extremerfahrungen gibt, praktizieren?

Ich habe einige Menschen dazu befragt. Viele davon sagten, dass sie es als optimale Möglichkeit sehen, um sich von den Belastungen im Beruf abzulenken, Druck abzubauen und Abstand zu Problemen zu gewinnen. Fred Kuhlmann, ein passionierter Basejumper („Basejumping" bedeutet: mit einem Fallschirm von Bergen, Brücken oder hohen Gebäuden springen) und Leiter eines mittelständischen Unternehmens, antwortet in Geo Kompakt, Ausgabe 40/2015 „Wege aus dem Stress" auf die Frage „Wie entspannen Sie am besten?" so: „ Indem ich so intensive Erfahrungen suche, dass in meinem Hirn kein Platz für Sorgen ist. Beim Basejumping brauche ich maximale Konzentration. Diese enorme Intensität wirkt schon kurz vor dem Sprung wie eine Art Radiergummi, der alle negativen Gedanken verschwinden lässt. Nach der Landung habe ich den nötigen Abstand zu allem gewonnen. Und fühle mich psychisch erholt, voller Energie und ausgeglichen."

Hört sich gut an, oder? Noch besser finde ich, dass Sie mit Achtsamkeitspraxis exakt das Gleiche erleben werden, allerdings ganz ohne Risiko:

Die maximale Konzentration auf Ihr Meditationsobjekt lässt nach einigem Üben in Ihrem Hirn keinen Platz für Sorgen, lässt alle negativen Gedanken verschwinden, und danach haben Sie Abstand zu allem, fühlen sich erholt, voller Energie und ausgeglichen.

Man könnte fast meinen, Fred Kuhlmann hätte von einer Meditationserfahrung gesprochen!

It´s never too late to meditate

Sicher haben Sie schon davon gehört, dass Meditation und Achtsamkeit eine gute Sache sein sollen. Und vielleicht haben Sie sich auch schon einmal vorgenommen, es damit zu versuchen, oder sogar schon Erfahrungen damit gesammelt. Möglicherweise haben Sie auch erst jetzt, nachdem Sie von den zahlreichen positiven Effekten gelesen haben, Lust dazu bekommen?

Vielleicht gehören Sie trotz allem auch zu den Leuten, die sagen: „Das ist nichts für mich. Es ist mir zu langweilig, ich bin dafür zu unruhig, ich hab zu viel Stess, ich hab dafür keine Zeit. Es gibt mir einfach nichts, mich hinzusetzen, um ‚Ommm‘ zu machen.“ Oder Sie haben schon mit verschiedenen Formen der Achtsamkeitspraxis experimentiert, schaffen es aber nicht, am Ball zu bleiben. Möglich auch, dass Sie versucht haben, irgendwo gelesene Übungen auf eigene Faust auszuprobieren – dabei sind dann aber schnell Fragen aufgetaucht, die Sie nicht klären konnten, und das hat Ihre anfängliche Motivation ausgebremst.

Mir ging es jedenfalls genauso: Ich konnte mir jahrelang nicht vorstellen, mich ruhig hinzusetzen und „nichts zu tun“, schließlich habe ich wichtigere Arbeit! Und dann dachte ich: „Och, auf den Atem konzentrieren, das kann ja nicht so schwer sein, das kann ich doch auch während der Arbeit machen.“ Richtig gut hat das allerdings nicht funktioniert und es gelang mir nicht, so regelmäßig dranzubleiben, wie ich mir das gewünscht hätte. Aber schon die ersten kleinen Erfahrungen machten mich sehr neugierig.

Sechs Jahre lang liebäugelte ich damit, einen ordentlichen Meditationskurs zu machen, um die Technik endlich richtig zu erlernen. Immer wieder kam etwas dazwischen, was mir wichtiger erschien. Aber als ich dann nach Jahren der Verausgabung kurz vor einem Nervenzusammenbruch stand, war ich dann endlich so weit und habe mich zu einem 10-tägigen Vipassana-Retreat angemeldet. Diese Erfahrung möchte ich – ganz offen und ehrlich – mit Ihnen teilen.

Mein Vipassana-Retreat

Gespannt auf den Kurs reiste ich nach Thüringen nahe der bayrischen Grenze. Das Gelände liegt sehr abgeschieden, weit und breit keine Häuser, keine Menschen. Am Anreisetag konnten wir uns noch kurz mit den ca. 100 Mitstreitern, zur Hälfte Männer, zur anderen Hälfte Frauen, bekannt machen und uns austauschen. Dann aber wurde mit einem Gongschlag das sogenannte „edle Schweigen" eingeleitet. Ab sofort bis zum Ende der zehn Tage wurde geschwiegen und jeder sollte „ganz bei sich" bleiben, also auch nicht durch Lächeln oder Körpersprache Kontakt mit den anderen aufnehmen.

Um dies zu erleichtern, wurden die Frauen und Männer voneinander separiert und kamen nur in der Meditationshalle zusammen, die Männer links, die Frauen rechts, alle schweigend. Unsere Mobiltelefone und unseren Autoschlüssel hatten wir abgegeben und es gab weder TV noch Radio oder Internet. Wir hatten uns schon bei der Anmeldung dazu bereit erklärt, die Regeln einzuhalten, die unter anderem auch besagten, nicht zu lesen, zu schreiben, irgendwelche sportlichen Übungen zu machen oder auch nur andere „Techniken" auszuüben wie beten, singen oder Ähnliches. Auch sollte das Gelände nicht verlassen werden. Nicht einmal mit essen konnte man sich wirklich ablenken; es war lecker, aber die letzte Mahlzeit kam schon um 11 Uhr ...

1. Tag:

Am ersten Morgen schlug – wie an jedem anderen Morgen auch – um 3.30 der Gong für die erste gemeinsame Meditationssession um 4 Uhr in der Meditationshalle. Da saß ich nun in einer Reihe mit einigen anderen, viele Reihen hintereinander. Vorne der Meditiationslehrer, der uns erklärte, was zu tun war.

Wir begannen mit Anapana: Wir sollten unseren Atem beobachten und registrieren, wo und wie genau er zu spüren ist. Eine ganze Stunde lang! Und nach ei-

ner kurzen Unterbrechung zum Frühstück wieder. Und nochmals nach dem Mittagessen, immer wieder, den ganzen Tag. Wir sollten immer wieder mit unserer Aufmerksamkeit zu unserem Atem zurückkehren, wenn wir feststellten, dass wir in irgendwelchen Gedanken hängen geblieben waren. Das kam sehr oft vor, nicht immer habe ich es überhaupt gemerkt, dass ich begann, tagzuträumen. Immer und immer wieder wurden wir daran erinnert, uns wieder dem Atem zuzuwenden. Schon am ersten Tag wollte ich nach Hause! Ich empfand diese scheinbar so einfache Aufgabe als furchtbar anstrengend.

Abends dann ein Vortrag zur Technik, dem wir schweigend lauschten. Wir wurden unter anderem darauf hingewiesen, dass wir uns keine Sorgen machen sollten, wenn wir feststellen würden, dass unsere negativen Gedanken sehr laut werden würden, und dass wir nicht befürchten müssten, zu Fieslingen zu mutieren, weil wir extrem schlecht über andere und uns selbst denken würden. Das wäre normal und aufgrund der fehlenden Ablenkung würden wir den immerwährenden Gedankenstrom jetzt einfach nur bewusst mitbekommen.

2. Tag:

Ja, allerdings! Am zweiten Tag habe ich beispielsweise über meine Nachbarin gedacht: „Du blöde Kuh! Kannst du nicht eine andere Hose anziehen? Eine, die nicht so doof raschelt? Ich kann mich so nicht auf meinen Atem konzentrieren! Verdammt noch mal!" Da war ich immer noch ziemlich „außer mir"… Abends wie erschlagen ins Bett. Ich hätte nicht gedacht, dass man so fertig vom „Nichtstun" sein kann.

Jeden Abend wollte ich in mein Auto steigen und einfach abhauen, aber ich hatte ja meinen Schlüssel abgegeben. Jetzt wusste ich auch, warum. In einem Abendvortrag wurde uns erklärt, warum es so wichtig sei, das Gelände nicht zu verlassen: Der Prozess, den wir gerade durchliefen, sei wie eine Operation am offenen Gehirn, wir sollten bitte Verständnis haben, dass sie uns nicht einfach vom OP-Tisch springen und weglaufen lassen könnten. Natürlich konnte man gehen, wenn man unbedingt wollte, und einige haben auch abgebrochen.

3. Tag:

Aber ich bin dageblieben … Nachdem ich am dritten Tag eine mir sehr sympathische Frau angelächelt und mit den Augen gerollt hatte, kam gleich eine „Aufseherin" zu mir, fasste mich am Arm und erinnerte mich daran, dass ich ganz bei mir bleiben solle. Boah! Ich war richtig wütend und verfiel kurzzeitig in den Trotz eines kleinen Kindes: „So eine doofe Frau! Fass mich nicht an! Ich bin erwachsen und kann lächeln, mit wem ich will und wann ich will!"

Dann ist mir aber Folgendes aufgefallen: Ich selbst hatte mein Commitment zur Befolgung der Regeln abgegeben! Mir wurde bewusst, dass ich schon an anderen Stellen meines Lebens trotzig reagiert habe, dass ich mir dabei schon öfter einmal eine Situation zerschossen habe und dass Trotz einer meiner „inneren Leitmelodien" ist. Das war eine wichtige Erkenntnis für mich. Ich kam wieder runter, fing mich wieder und blieb dort, so wie ich es mir selbst versprochen hatte.

Ab dem 4. Tag:
Am vierten Tag wurde es besser, ich konnte es zeitweise sogar richtig genießen, mich in Anapana zu üben, also einfach nur wahrzunehmen, wie der Atem verläuft über das kleine Dreieck unterhalb der Nasenlöcher, oberhalb der Oberlippe, begrenzt durch die Linien, die links und rechts der Nasenflügel zu den Mundwinkeln verlaufen.

Ich fing auch an zu genießen, unter so vielen Menschen einfach nur mit mir zu sein. Es erschien mir geradezu entlastend, nicht jeden anlächeln zu müssen und keine Gespräche zu führen, vor allem keine Problemgespräche. Mir viel auf, wie energieraubend es sein kann, in einer Art „Sprechdurchfall" immer wieder die gleichen Probleme zu besprechen – in Wirklichkeit verfestigen sie sich dadurch geradezu. Mir wurde auch bewusst, dass es anstrengend sein kann, jeden Menschen jederzeit mit einem freundlichen Lächeln bedenken zu müssen, man ist ja schließlich gut erzogen und schon die reine Höflichkeit gebietet ein Lächeln. Und dazu kommen dann ja üblicherweise ein paar Worte, und als höflicher Mensch hört man natürlich auch zu, und so weiter und so weiter. Dabei – so wurde mir jetzt bewusst – ist es mir nicht immer gelungen, meine Energie bei mir zu behalten, und viel zu viel davon zerstreute sich in sinnlosen Gesprächen und Höflichkeitsbezeugungen.

Es war eine großartige Erfahrung, von der ich heute noch profitiere. Als ich am vierten Tag bei Sonnenaufgang aus der Meditationshalle kam, fiel mein Blick auf den Boden rechts neben mir: glitzernde Tautropfen im Gras trieben mir vor Begeisterung die Tränen in die Augen! Unglaublich, dass so eine einfache Sache mich dermaßen mit Freude erfüllen konnte! Die „Reizdiät" hatte offenbar meine Wahrnehmungskanäle so aufnahmebereit gemacht, dass ich Dinge bemerkte, die sonst eher unbemerkt an mir vorbeigegangen waren.

Ergebnisse, die bis heute anhalten

Noch heute, Jahre später, denke ich mit Freude an diese Tautropfen im Gras und daran, welche Freude sie bei mir auslösten. Von Tag zu Tag wurde es friedlicher und stiller in mir, ich fühlte mich rundum versöhnt mit mir und der Welt. Am letzten Tag wurde das edle Schweigen kurz vor der Abreise aufgehoben und wir konnten uns austauschen. Es war interessant, wie ähnlich die Erfahrungen der anderen waren. Interessant auch, dass ich das Sprechen so wenig vermisst hatte, dass ich gar nicht so sehr darauf erpicht war, jetzt mit allen ins Gespräch zu kommen. Ich habe mit drei Frauen gesprochen, die mich während der zehn Tage neugierig gemacht hatten, eine davon war Vera, die ich mit rollenden Augen angelächelt hatte, wofür ich „gemahnt" wurde. Wir sind heute noch befreundet und haben regelmäßigen Kontakt, obwohl wir viele hundert Kilometer auseinander wohnen, verbringen sogar manche Urlaube miteinander.

Vipassana

Das Wort „Vipassana" bedeutet auf Pali (eine indische Sprache) „die Dinge sehen, wie sie wirklich sind". Vipassana-Meditation ist eine wichtige Methode des buddhistischen Geistestrainings. Sie dient zur Einübung und Entwicklung von Achtsamkeit. Sie wird auch „Einsichtsmeditation" genannt, weil ein Geisteszustand kultiviert wird, der eine klare Sicht und eine Erfassung der äußeren Situation und der inneren mentalen und emotionalen Zustände ermöglicht.

Vipassana ist unabhängig von Glauben und Weltanschauung und führt über die Auflösung von Konditionierungen und Illusionen zur „Befreiung".

Einstieg ist in der Regel die Atembeobachtung (Anapana, siehe nachfolgend). Mit der Zeit wird der Fokus der Aufmerksamkeit immer weiter und erforscht beobachtend den gesamten Körper mit dem Ziel, Achtsamkeit letztlich auch im Alltag aufrechtzuerhalten.

Die wohl bekannteste „Schule" ist die von Satya Narayan Goenka (geb. 1924 in Myanmar), die weltweit Zehntageskurse anbietet.

Weitere Informationen finden Sie auf meiner Website www.katharina-maehrlein.de oben rechts unter „Partner“ und dort neben dem Symbol eines drehenden Rades. Ich kann Ihnen einen solchen Kurs nur wärmstens empfehlen! Er wird tatsächlich Ihr Leben ins Positive verändern!

Anapana

Anapana bedeutet „Achtsamkeit beim Ein- und Ausatmen“. Diese Methode wird auch als „Vergegenwärtigung des Atems“ bezeichnet.

Sie wirkt den Geist klärend, indem sie die Fähigkeit, aufmerksam zu sein, pflegt und stärkt. Die Anwendung von Anapana unterstützt schon nach kurzer Übungszeit dabei, sich geistig zu sammeln. Die Konzentrationsfähigkeit wird erhöht, und das ermöglicht uns, die eigene Aufmerksamkeit immer beständiger auf eine Sache richten zu können.

Googles „Search inside yourself“

Für den Fall, dass Sie noch eine Extraportion Motivation brauchen können, um zu starten, möchte ich Ihnen von dem sehr erfolgreichen Angebot der Firma Google erzählen.

Seit 2007 bietet Google seinen Mitarbeitern einen immer ausgebuchten Kurs an: „Search inside yourself“. In 20 Unterrichtsstunden, verteilt auf sieben Wochen, lehrt er die Techniken der Achtsamkeitspraxis. Das Ergebnis: Die Produktivität, Kreativität und das Glück der Teilnehmer stieg deutlich, viele sprechen davon, dass diese Schulung ihr berufliches und privates Leben verändert habe, sie neuen Sinn und Erfüllung in ihrer Arbeit gefunden hätten, besser in ihrem Job wurden und mehr schaffen, obwohl sie weniger tun.

Weitere Erfolge des Kurses sind laut Befragung der Teilnehmer: besser zuhören können, ein hitziges Temperament zügeln, Einwände gelassener ausräumen, sich zufriedener fühlen, mehr Verständnis für andere aufbringen und Stressfaktoren und Krisen besser meistern. Achtsamkeitspraxis lässt sich also nicht nur während einer Phase des totalen Rückzugs einüben, sondern wirkt auch erfolgreich bei ganz normalen Menschen, die in einer modernen Gesellschaft, mitten im Alltag und trotz Familie und einem fordernden Job etwas Zeit aufbringen, ihre Fähigkeit zur Achtsamkeit zu schulen.

Und Google ist bei Weitem nicht das einzige Unternehmen, das Achtsamkeit in den Arbeitsalltag integriert. Auch Unternehmen wie beispielsweise die DZ Bank oder Volksbank International AG integrieren Achtsamkeitspraxis zunehmend in den Unternehmensalltag.

Nicht jeder kann oder möchte sich zehn Tage lang Zeit nehmen, um wie ich an einem Vipassanakurs teilzunehmen. Und leider haben nur wenige Menschen die Gelegenheit, einen unternehmensinternen Kurs zum Thema Achtsamkeit zu besuchen, so wie die Google-Mitarbeiter das können. Und das muss auch nicht sein.

Mein Programm „Achtsamkeit to go“

Geben Sie der Achtsamkeitspraxis eine Chance! Sie müssen nicht täglich stundenlang meditieren, um von der fantastischen Wirkung der Achtsamkeitspraxis zu profitieren!

Um zu lernen, sich zu sammeln, die Aufmerksamkeit zu bündeln und den inneren Lärm zur Ruhe zu bringen, ist es zunächst hilfreich, tatsächlich mit geschlossenen Augen an einem möglichst ruhigen Ort mit wenig Ablenkungsmöglichkeiten zu üben. Es fällt dann einfach leichter und Sie werden schneller spürbare Ergebnisse bekommen. Für mich persönlich war der 10-tägige Meditationskurs ein Durchbruch und das Effektivste, was ich bisher erlebt habe. Diese Kurse, die ich teilweise auch in abgekürzter Form immer wieder besuche, haben mich befähigt, auch in kritischen Situationen und im Trubel bei mir bleiben zu können.

Aber: In meinen Seminaren höre ich immer wieder: „Tja, Frau Maehrlein, wenn ich jeden Tag auch nur eine Stunde Zeit hätte, um in Ruhe zu meditieren, dann hätte ich eh kein Problem. Und dann gleich zehn Tage? Unmöglich! So viel Zeit kann ich nie erübrigen!" Es wäre wirklich schade, wenn ich jetzt nur „Pech gehabt" sagen könnte, oder?

Die Zeit zur Meditation zu finden, ist eine der Herausforderungen, die innere Ruhe zu finden, um sich überhaupt erst zum Meditieren hinzusetzen, eine andere. Je mehr man unter Druck ist, umso schwerer fällt es uns, sich allen Umständen zum Trotz aus dem Stress rauszunehmen und „runterzufahren". Deshalb stelle ich Ihnen im Folgenden neben einigen Basisübungen, die unter Ausschluss von Außenablenkungen mit geschlossenen Augen am besten funktionieren, einige Ideen und Übungen aus meinem Programm „Achtsamkeit to go" vor, die Sie ohne zusätzlichen Zeitaufwand durchführen und damit Achtsamkeit ganz elegant und fast schon nebenbei in Ihr (Arbeits-)Leben integrieren können. Das Sitzen mit geschlossenen Augen soll also ausschließlich dazu dienen, ein Fundament zu gießen, auf dem Sie dann aufbauen können.

Als Einstieg in den Übungsteil finden Sie im Folgenden einen Test, mit dem Sie herausfinden, wie es um Ihre Achtsamkeit aktuell bestellt ist.

Test: Wie achtsam sind Sie?

Bevor wir mit der Achtsamkeitspraxis beginnen, interessiert es Sie vielleicht, vorab ein Gefühl dafür zu bekommen, wie achtsam Sie im Alltag aktuell schon sind. Dazu dient der folgende Test.

Antworten Sie einfach mit Ja oder Nein. Wählen Sie „Ja", wenn Sie manchmal, oft oder immer meinen, und „Nein", wenn Sie nie oder meistens nicht meinen. Denken Sie dabei bitte an den zurückliegenden Monat und antworten Sie intuitiv aus dem Bauch heraus.

1. Ich fühle mich oft gehetzt und unter Zeitdruck, auch wenn es eigentlich keinen Grund dafür gibt. ☐ Ja ☐ Nein
2. Ich werde oft hektisch, bin unruhig und angespannt, ohne dass sich dadurch etwas zum Besseren wenden würde. ☐ Ja ☐ Nein
3. Ich kann meine aktuelle Situation nur schwer akzeptieren. ☐ Ja ☐ Nein
4. Ich fühle mich von den Erwartungen anderer unter Druck gesetzt. ☐ Ja ☐ Nein
5. Ich bin häufiger gereizt und unbeherrscht, als ich mir das wünsche. ☐ Ja ☐ Nein
6. Ich denke oft an meine Zukunft und hoffe, dass sich dann einiges zum Positiven wendet. ☐ Ja ☐ Nein
7. Ich habe manchmal das Gefühl, nur eine Rolle zu spielen und gar nicht wirklich ich selbst zu sein. ☐ Ja ☐ Nein
8. Ich fühle mich wie im Hamsterrad und funktioniere einfach nur noch, mit dem Gefühl, keine andere Wahl zu haben. ☐ Ja ☐ Nein
9. Unangenehmen Erfahrungen, Beschwerden und Schmerzen weiche ich eher aus und versuche sie zu verdrängen. ☐ Ja ☐ Nein
10. Ich denke viel an die Vergangenheit und es fällt mir schwer, Erinnerungen loszulassen. ☐ Ja ☐ Nein
11. Ich komme schwer zur Ruhe, weil ich häufig darüber nachdenke, was noch alles zu erledigen ist. ☐ Ja ☐ Nein
12. Wenn es mir nicht gut geht, lenke ich mich mit eher sinnlosen Tätigkeiten ab. (Fernsehen, Rauschmittel, exzessiver Sport, ...) ☐ Ja ☐ Nein
13. Mein Leben langweilt mich, aber ich sehe keine Alternativen. ☐ Ja ☐ Nein
14. Ich schätze es, die Kontrolle über eine Situation zu haben, und will häufig gerne eingreifen, um etwas zu verändern. Es fällt mir schwer, die Dinge so zu lassen, wie sie sind. ☐ Ja ☐ Nein
15. Ich bin sehr selbstkritisch und gebe mir oft selbst die Schuld, wenn etwas schiefgelaufen ist. ☐ Ja ☐ Nein

fühle mich häufig unzulänglich und vom Rest der Welt ausgeschlossen. ☐ Ja ☐ Nein

16. In harten Zeiten neige ich dazu, weniger fürsorglich mit mir umzugehen. ☐ Ja ☐ Nein
17. In Zeiten, in denen es mir nicht gut geht, habe ich häufiger den Eindruck, dass viele Menschen wahrscheinlich glücklicher sind als ich. ☐ Ja ☐ Nein
18. Wenn etwas Schmerzliches passiert, habe ich Angst, dass es nie vorübergehen wird. ☐ Ja ☐ Nein
19. Es fällt mir schwer, mir meine Schwächen zu verzeihen. ☐ Ja ☐ Nein
20. Wenn ich an mir Aspekte bemerke, die ich nicht mag, mache ich mich selbst „runter". ☐ Ja ☐ Nein
21. Wenn mir etwas Wichtiges misslingt, nehme ich mir das übel. ☐ Ja ☐ Nein
22. Wenn mir alles zu viel wird, glaube ich, dass andere Menschen ihr Leben besser im Griff haben als ich. ☐ Ja ☐ Nein
23. Wenn ich mich aufrege, habe ich meine Gefühle nicht mehr unter Kontrolle. ☐ Ja ☐ Nein
24. Ich bin streng gegen mich selbst. ☐ Ja ☐ Nein

Auswertung:

Weniger als 5-mal „Ja":
Es gelingt Ihnen schon sehr gut, achtsam durchs Leben zu gehen. Niemand ist zu 100 Prozent achtsam!

Dennoch hätten Sie vermutlich diesen Test nicht ausgefüllt, wenn Sie nicht Interesse daran hätten, noch achtsamer mit sich und dem Alltag umzugehen. Mit Beginn der Achtsamkeitspraxis könnten Sie schnell noch mehr Leichtigkeit und Gelassenheit in Ihr Leben holen.

Mehr als 5-mal „Ja":
Mehr Achtsamkeit und die damit einhergehenden Effekte wie beispielsweise innere Ausgeglichenheit, Zufriedenheit mit sich selbst und dem, was um Sie herum ist, würde Ihnen guttun. Steigern Sie mit regelmäßi-

ger Achtsamkeitspraxis schrittweise den Anteil der Zeit, in der Sie ganz bei sich sind, um unabhängig von den jeweiligen Bedingungen Zufriedenheit, Gelassenheit und Lebensfreude zu erleben.

Mehr als 20-mal „Ja":
Sie sind mit ziemlicher Sicherheit in einer akut herausfordernden Phase und es fällt Ihnen schwer, dieser Situation mit Achtsamkeit zu begegnen. Sie befinden sich überwiegend im „Tun" oder „Handeln" und weniger im „Sein". Um nicht in einen anstrengenden Teufelskreis zu geraten, könnten Sie von regelmäßiger Achtsamkeitspraxis stark profitieren und Ihr Leben erleichtern.

Und bevor es nun losgeht:

10 Tipps, damit Ihre ersten Übungen zum Thema „Achtsamkeit" gelingen

1. Motivieren Sie sich

Machen Sie sich klar, was Sie am Thema Achtsamkeit reizt. Was wird Sie über tote Punkte hinweg weitermachen lassen? Warum ist es Ihnen wichtig, sich in Achtsamkeit zu üben? Welcher der beschriebenen Effekte hat Sie besonders angesprochen? Welches Argument hat Sie letztlich überzeugt?

By the way – hier noch zwei Motivationsgoodies: Untersuchungen der Harvard Business School kamen zu dem Ergebnis, dass Meditation und Intuition die beiden wichtigsten Werkzeuge für Führungskräfte im 21. Jahrhundert sind. Und – relevant für das nächste Strategie-Meeting – wir erhalten durch Meditationspraxis auch Zugang zu den Quellen unserer Kreativität. Lernen, Altes los- und Neues zuzulassen, die fundamentale Basis für Innovationen. Sie sind also definitiv kein Spinner, wenn Sie es damit versuchen ...

2. Schließen Sie die Außenwelt aus

Gerade wenn Sie Neuling im Feld der Achtsamkeit sind, ist es zu Beginn hilfreich, wenn Sie erst einmal eine Basis für die Achtsamkeitspraxis im

Alltag schaffen. Diese entsteht erfahrungsgemäß am leichtesten im Sitzen mit geschlossenen Augen unter weitgehendem Ausschluss von Außenreizen. Schon bald können Sie auch mitten im Leben meditieren, beispielsweise im Zug, an der Bushaltestelle, in der Schlange im Supermarkt. Nur bitte nicht im Auto, wenn Sie selbst fahren!

Mit ein wenig klassischer Meditationserfahrung wird es Ihnen außerdem zunehmend leichter fallen, jede Art von Handlung als meditative Übung zu gestalten und Achtsamkeitsübungen selbst im turbulenten Arbeitsalltag durchzuführen. Wenn Sie absolut keine Zeit für die Sitzmeditation finden, werden Sie wahrscheinlich nicht so schnell motivierende Erfahrungen machen, als wenn Sie regelmäßig meditieren würden. Aber das ist nicht dramatisch: Sie finden sicher im Alltag Gelegenheiten dafür, beispielsweise wenn Sie irgendwo warten müssen oder bei Alltagshandlungen wie Kochen, Essen, Treppensteigen oder Ähnlichem.

Am besten kommen Sie voran, wenn Sie formelle Sitzmeditation mit Achtsamkeitsübungen bei alltäglichen Handlungen kombinieren. Auf diese Weise entwickeln und vertiefen sich die positiven Qualitäten von Meditation und Achtsamkeitspraxis am schnellsten und können so schon bald im täglichen Leben verwirklicht werden.

3. Suchen Sie sich einen Wohlfühlort

Wählen Sie zum Start eine ruhige Umgebung, in der Sie sich wohlfühlen. Wählen Sie einen Ort, der für Sie praktisch zu erreichen ist und der Sie nicht dazu zwingt, noch zusätzlichen Zeitaufwand zu betreiben, indem Sie dort erst einmal hinfahren müssen. Das kann beispielsweise einfach in Ihrem Zuhause sein. Ein geeigneter Ort sollte es Ihnen ermöglichen, zumindest in der Startphase Außenreize aller Art wie Telefonklingeln, Besuche, laute Geräusche und sonstige Störungen möglichst auszuschließen. Vermeiden Sie direkte Sonneneinstrahlung, das lenkt ab, und im Verlauf der Meditation kann es Ihnen schnell zu warm werden.

4. Behalten Sie zu Beginn den Wohlfühlort bei

Wenn Sie zu Beginn immer den gleichen Platz wählen, entwickelt sich in Ihrem Gehirn bald eine hilfreiche Verknüpfung: Meditationsplatz = meditativer Zustand. Schnell werden Sie bemerken, dass Sie sich nur noch auf eben diesen speziellen Platz setzen müssen, um unmittelbar in Meditationsstimmung zu kommen. Dieser Effekt der Gewohnheitsbildung unterstützt Sie zu Beginn Ihrer Meditationspraxis sehr. In der Übergangsphase genügt es später schon, sich diesen speziellen Platz nur vorzustellen, um in Stimmung zu kommen, auch wenn Sie an ungewohnten Plätzen meditieren wollen. Und schon bald werden Sie sich auch mitten im größten Trubel mit sich selbst verbinden können – sogar mit geöffneten Augen.

5. Nehmen Sie eine bequeme Haltung ein

Die meisten Menschen stellen sich vor, der sogenannte Lotussitz mit ineinander verschränkten Beinen wäre notwendig oder besonders förderlich, um gut meditieren zu können. Das ist Quatsch!

Eher das Gegenteil ist der Fall, es sei denn, Sie wären ein gut trainierter Yogi, der null Problem damit hat, auf diese für uns „Normalos" ungewöhnliche Weise zu sitzen, und das lange ohne Verspannungen oder Schmerzen aushält. Im Fachhandel oder im Internet gibt es zur Erleichterung der klassischen Meditationspositionen zahlreiche Hilfsmittel wie Meditationsbänkchen, Kissen und Matten. Sie sind natürlich sehr nützlich, aber allesamt nicht zwingend notwendig. Wenn Sie bereit sind, Zeit und Geld zu investieren, um sich in bewährten Meditationshaltungen zu üben, empfehle ich Ihnen, diese vor dem Kauf auszuprobieren. Es ist individuell sehr unterschiedlich, mit welcher Meditationsbankhöhe oder Kissenart man am besten zurechtkommt.

Grundsätzlich genügt aber ein Stuhl, der Ihnen eine stabile Sitzhaltung mit aufgerichtetem Oberkörper ermöglicht, in der Sie sich entspannen können. Wählen Sie eine Sitzposition, in der Sie keine weitere Aufmerksamkeit auf Ihre Balance verwenden müssen. Idealerweise lehnen Sie sich nicht mit dem Rücken an. Wenn Sie allerdings sonst Rückenschmerzen bekommen, ist die Anlehnung erlaubt. Damit Sie auch eine längere Zeit gut sitzen, sollte die Sitzfläche eine Höhe haben, bei der Ihre gesamte Fußsohle bequem Kontakt am Boden findet und die Ober- und Unterschenkel einen rechten Winkel bilden. Die Knie sollten gut zwei Handbreit voneinander entfernt sein, die Hände können Sie entweder auf den Oberschenkeln ablegen oder vor dem Bauch ineinanderlegen. Armlehnen sind bequem, aber nicht überall vorhanden. Es ist deshalb praktischer, wenn Sie auch ohne auskommen.

Meditationsfetischisten mögen mir verzeihen, aber ich meditiere beispielsweise gerne auf dem Sofa quer, angelehnt an die Seitenlehne mit ausgestreckten Beinen, weil mir alles andere auf die Dauer einfach zu unbequem ist. Grundsätzlich können Sie in jeder Haltung meditieren: im Stehen, Gehen, Knien, Liegen und Sitzen, und ich empfehle Ihnen, jede Position einmal auszuprobieren und damit eigene Erfahrungen zu sammeln. Wer viel sitzt, findet es möglicherweise ganz angenehm, einmal zu stehen. Die stehende Haltung erfordert allerdings deutlich mehr Muskelarbeit und Koordination, um auf Dauer das Gleichgewicht zu erhalten. Aber für einige Minuten ist diese Haltung prima, beispielsweise, um in einer Schlange im Supermarkt zu meditieren oder beim Warten vor der Mikrowelle, bis diese „Piep" macht und das Essen fertig ist. Beides mache ich ziemlich häufig, weil es mich keine zusätzliche Zeit kostet ...

Liegen bietet sich vor dem Schlafengehen an, birgt allerdings das beschriebene Risiko, dabei einzuschlafen. Wenn aber genau dies das Ziel ist, nämlich entspannt in einen guten Schlaf hinüberzugleiten – na perfekt! Wenn Sie aber ernsthaft üben möchten, zu entspannen und dabei geistig präsent zu bleiben, empfiehlt sich die liegende Position nur dann, wenn Sie dabei einer gesprochenen Anleitung auf CD folgen, die Sie durch die Übung führt. Sonst wird es Ihnen ziemlich schwerfallen, bei der Sache zu bleiben.

6. Zwingen Sie sich zu nichts

In den allermeisten Anleitungen wird eine regungslose Position gefordert. Am Anfang gilt: Können vor Lachen!

Es ist normal, dass Sie erst einmal diverse Haltungen ausprobieren müssen und sich auch dann diverse Male erst einmal „zurechtruckeln" müssen, bis es Ihnen schließlich gelingt, tatsächlich regungslos zu meditieren. Auch werden Sie anfangs das dringende Bedürfnis haben, eine Fliege zu verscheuchen, wenn sie Ihnen zu nahe kommt, sich zu kratzen oder Schweiß abzuwischen und so weiter. Das ist vollkommen in Ordnung! Verderben Sie sich nicht die Motivation und den Spaß, indem Sie es gleich zu genau nehmen. Es wird Ihnen nach und nach immer leichter fallen, sich nur noch auf die Meditation zu konzentrieren und störende Außenreize einfach auszublenden.

Auf dem Weg dahin zwingen Sie sich bitte nicht, in einer unbequemen Position zu verharren. Verändern Sie Ihre Haltung, unterpolstern Sie schmerzende Druckpunkte oder machen Sie notfalls einen Moment Pause, in der Sie sich kurz lockern. All diese körperlichen Bewegungen lenken natürlich von der meditativen Konzentration ab und können die gewonnene Sammlung und innere Ruhe beeinträchtigen. Aus meiner Sicht unterbricht das Verändern der Haltung allerdings die Meditation auch nicht mehr, als wenn Sie sich mit Schmerzen plagen. Um die Sammlung trotzdem zu erhalten, können Sie alle Bewegungen so achtsam wie möglich, also langsam und bewusst ausführen. Sie können auch – wie in der Zen-Praxis üblich – Sitz- und Gehmeditation kombinieren, um Verspannungen vorzubeugen. Gehen wird dadurch zur Meditationstechnik, dass Sie den automatisierten Laufprozess bewusst ausführen. Gehen Sie dabei so langsam, dass Sie den gesamten Vorgang wahrnehmen können: wie Sie Ihr Gewicht dabei verlagern, mit welchem Teil des Fußes Sie zuerst am Boden ankommen, wie sich der Kontakt mit dem Boden anfühlt, wo im Körper Sie die Muskelarbeit dabei spüren können.

7. Suchen Sie sich Ihren persönlichen Meditations-Zeitpunkt

Häufig ist zu lesen, dass Meditation am frühen Morgen am besten funktioniert. In meinem Vipassanakurs startete die erste Meditationseinheit morgens um 4 – ich persönlich empfinde das als eine geradezu unchristliche Zeit! Auch die Abendstunden direkt vor dem Schlafengehen werden gerne als besonders geeignet empfohlen. Dr. Ulrich Ott bemerkt dazu in seinem Buch „Meditation für Skeptiker. Ein Neurowissenschaftler erklärt den Weg zum Selbst“, dass empirische Untersuchungen zum Einfluss der Tageszeit auf die Qualität der Meditation seines Wissens nach nicht existieren.

Wichtig ist, dass Sie einen Zeitpunkt wählen, zu dem Sie in der Lage sind, sich zu konzentrieren, und an dem Sie wach und ausgeschlafen sind. Direkt nach dem Aufstehen am Morgen oder vor dem Einschlafen ist das Risiko recht groß, dass Sie statt zu meditieren nur dösen oder sogar einschlafen. Aus dem gleichen Grund empfehle ich, nicht direkt nach dem Essen zu meditieren.

Gerade als Beginner sollten Sie für Ihre ersten Versuche ein Zeitfenster nutzen, an dem Sie nicht unter Zeitdruck stehen, beispielsweise nach Feierabend oder am Wochenende. Auf Alkohol oder Kaffee vor dem Meditieren verzichten Sie besser, es erschwert Ihnen die Konzentration, trübt Ihre Sinne und die Unruhe, der Sie eigentlich entgegenwirken möchten, wird noch zusätzlich aufgeputscht.

8. Don´t worry: Jede Minute bringt Sie weiter

Die notwendige Übungsdauer hängt vor allem von der von Ihnen gewünschten Wirkung und natürlich von der Ihnen zur Verfügung stehenden Zeit ab. Zeitknappheit ist wahrscheinlich eine der Herausforderungen Ihres Lebens. Don´t worry! Eine entspannende Wirkung stellt sich schon bei den ersten Versuchen nach wenigen Minuten ein. Tiefgehende Veränderungen des Bewusstseins allerdings brauchen eine längere Zeit. In den meisten Traditionen liegt die typische Dauer einer Meditationssitzung bei 20 bis 30 Minuten bis hin zu einer Dreiviertel- bis ganzen Stunde.

9. Wie oft Sie üben, entscheiden Sie!

Idealerweise üben Sie täglich. Gerade am Anfang muss sich erst einmal eine Gewohnheit herausbilden, genauso wie bei jeder neuen Tätigkeit, die zunächst einmal durch einen Vorsatz angestoßen werden muss – zum Beispiel beim Joggen – auch. Aber: Wenn Ihnen das nicht gelingt, machen Sie sich klar, dass jede einzelne Minute, die Sie es schaffen, Achtsamkeitspraxis zu üben, einen wertvollen Effekt für Sie haben wird. Bitte denken Sie nicht „Jetzt habe ich es sowieso schon wieder zwei Tage/zwei Wochen/zwei Monate nicht geschafft, jetzt ist es eh schon egal, dann lass ich es gleich ganz." Einfach wieder einsteigen, jede Minute zählt! Sie werden auch auf diese Weise letztlich vorankommen.

Ich hätte mir auch nie vorstellen können, dass mir Joggen oder Meditieren einmal fehlen wird, wenn ich es nicht tue. Aber heute ist es nach diversen Startschwierigkeiten so. Auch wenn ich es nicht schaffe, wirklich täglich zu üben, ich möchte die Effekte auf mein Leben nicht missen!

Wenn Sie partout nicht ganz so regelmäßig üben wollen oder können und trotzdem in tiefere Erfahrungsbereiche vorstoßen möchten, dann empfiehlt es sich, am Wochenende oder im Urlaub mehrmals am Tag zu üben. Durch mehrfaches Üben während eines Tages kommen Sie von Mal zu Mal leichter und schneller in den Zustand meditativer Sammlung, weil der Effekt der vorherigen Sitzung noch in Ihnen nachwirkt und Sie dadurch beim jeweils darauffolgenden Versuch schon mit einem „vorgeklärten" Geist starten. Eine bessere Erholung gibt es nicht, das garantiere ich Ihnen!

10. Es gibt keine Kleiderordnung

Meditation funktioniert in jeder Kleidung, Sie brauchen dazu keine spezielle Ausrüstung. Bequem sollte sie sein, nicht einschnüren und Ihre Atmung nicht behindern. Wenn Sie an Ihrem persönlichen Meditationsplatz üben, ist es gut, die Schuhe auszuziehen. Wenn Sie dazu neigen, kalte Füße zu bekommen, wenn Sie ruhig sitzen, halten Sie ein paar warme Socken bereit. Wenn Sie nur kurz irgendwo im Alltag einige Minuten für die Meditation nutzen, haben Sie vielleicht aber die Möglichkeit, Ihren Gürtel etwas zu lockern. Wenn nicht, ist das eine gute Gelegenheit zu üben, die Dinge so zu nehmen, wie sie sind ...

Basis- und Masterkompetenzen

Ein kurzes „How to" vorab

Jetzt sind Sie bestens vorbereitet, wissen wann, wie lange, wo und in welcher Kleidung Sie am besten meditieren. Aber wie genau geht Meditation? Was ist konkret zu tun? Das werden Sie im folgenden Teil erfahren, in dem ich Ihnen

- 7 Kompetenzen, aufgeteilt in 4 Basiskompetenzen und 3 Masterkompetenzen, und dazu
- jeweils konkrete Basis- bzw. Masterübungen, die diese Kompetenzen schulen,

vorstelle. Sowohl die Kompetenzen als auch die dazugehörigen Übungen bauen aufeinander auf und sind bewusst in der gewählten Reihenfolge aneinandergereiht. Gleichzeitig befördern sie sich gegenseitig: Wenn Sie sich in einer Kompetenz üben, entwickeln Sie automatisch auch die anderen Kompetenzen weiter.

Alle Übungen können bei Zeitknappheit und zum „Anchecken" in 5 Minuten durchlaufen werden. Wenn Sie dann Lust bekommen, mehr zu tun, ist es gut, die Zeit nach und nach auszudehnen. Alle Übungen können Sie, nachdem Sie durch ein wenig Üben im Sitzen mit geschlossenen Augen ein solides Fundament gegossen haben, auch „to go", also im Alltag oder am Arbeitsplatz mit offenen Augen, durchführen. Wie wäre es, wenn Sie Ihre Lieblingsübung gleich einmal im nächsten Meeting ausprobieren?

Verstehen Sie das Übungsangebot als ein für Sie aufgebautes Buffet, von dem Sie wählen, was Ihnen schmeckt. Um zu entdecken, was Ihnen am besten schmeckt und um also Ihre Lieblingsübung zu identifizieren, empfehle ich Ihnen allerdings, jede Übung mindestens einmal auszuprobieren, damit Sie auf der Basis eigener Erfahrung entscheiden können, ob diese Ihnen liegt oder eher nicht. Mit Sicherheit ist nicht alles nach Ihrem Geschmack, aber irgendetwas wird für Sie dabei sein. Ganz sicher!

Basiskompetenz 1:
Die Aufmerksamkeit auf ein gewähltes Objekt halten

Es gibt zahlreiche Meditationstechniken. Allen Techniken gemeinsam ist: Im ersten Schritt wird als zentrale Basiskompetenz die Fähigkeit zur Konzentration und die volle Aufmerksamkeit auf ein gewähltes Objekt geschult. Manche Schulen verwenden dazu Mantras, also gesprochene Silben oder Sätze, andere betrachten dabei Bilder, die Mandalas heißen, schauen in eine Kerzenflamme oder auf innere Vorstellungsbilder, auf die sich der Meditierende voll konzentrieren soll. Ich persönlich bevorzuge es, mich auf meinen eigenen Atem zu konzentrieren.

Für den Atem als Meditationsobjekt sprechen zahlreiche Argumente. In der Therapie von Angststörungen wird als wesentlicher Baustein das langsame tiefe Atmen in akuten Stresssituationen geschult, und klinische Standardverfahren wie autogenes Training oder Progressive Muskelentspannung betonen den engen Zusammenhang zwischen Atmung, vegetativer Erregung und Emotionen. Gleichmäßiges, vertieftes Atmen ist eine natürliche und effektive Entspannungsmethode und damit besonders geeignet, den Zustand innerer Ruhe herbeizuführen und Ihnen den Einstieg in die Meditationspraxis zu erleichtern. Vielen Menschen fällt es außerdem leichter, sich auf die Bewegungen und Empfindungen, die mit dem Atmen einhergehen, zu konzentrieren als auf ein statisches Objekt, bei dem aufgrund fehlender Dynamik die Aufmerksamkeit meist schneller abschweift. Außerdem ist der Atem als Meditationsobjekt weltanschaulich neutral, jederzeit ohne Aufwand vorhanden und kostet nix :-).

Typischerweise schweifen Meditationsanfänger sehr bald mit ihrer Konzentration ab, ganz zu Anfang fällt ihnen das nicht einmal auf. Man denkt, man ist konzentriert, denkt aber im Hintergrund zeitgleich über etwas anderes nach. Beispielsweise darüber, wie konzentriert man doch gerade ist ... Sie wissen gleich, was ich meine, wenn Sie jetzt kurz einmal über folgende Fragen nachdenken: Wie lange haben Sie bis jetzt gelesen, ohne zwischendurch gedanklich abgelenkt zu sein? Waren es eher einige Zeilen, die Sie ganz und gar auf die Worte konzentriert waren, oder einzelne Absätze oder ein ganzes Kapitel? Wie viel haben Sie sich von der letzten Seite gemerkt? Könnten Sie deren Inhalt jetzt noch wiedergeben? Über was denken Sie jetzt gerade nach, während Sie gleichzeitig lesen? So ähnlich wird es Ihnen auch bei den ersten Meditationsversuchen ergehen: Sie ertappen sich immer wieder dabei, dass Sie gedanklich unbemerkt oder doch zumindest unbeabsichtigt ganz woanders landen, als Sie ursprünglich vorhatten.

Probieren Sie es gleich einmal aus.

Basisübung 1: Den Atem kennenlernen

- Atem fühlen
  Nehmen Sie eine meditative Haltung ein wie oben beschrieben. Schließen Sie die Augen, um die Wendung nach innen zu erleichtern. Registrieren Sie Ihren Atem und wie er natürlicherweise abläuft, ohne ihn bewusst zu steuern. Konzentrieren Sie sich darauf, wo Sie ihn zuerst fühlen: schon außerhalb der Nase, am Naseneingang? Konzentrieren Sie sich auf das Gefühl Ihres Atems beim Einströmen in Ihre Nasenlöcher: Wie weit können Sie ihn verfolgen? Bis in die Mitte der Naseninnenwände, bis ans Ende, bis in den Rachen hinein oder noch weiter? Wie fühlt sich der Atem an? Kühl oder eher warm? Bevorzugt Ihr Atem ein bestimmtes Nasenloch beim Einatmen? Das linke? Oder das rechte? Oder gleichmäßig durch beide? In welchem Nasenloch fühlen Sie Ihren Atem deutlicher? Wie ändert sich das eventuell beim Ausatmen?

- Mit dem Atmen verbundene Körperbewegungen wahrnehmen
  Versuchen Sie zu fühlen, auf welchem Weg Ihr Atem, nachdem er den Rachen passiert hat, weiter in Ihren Körper strömt und welche Bewegungen in Ihrem Körper durch die Atmung ausgelöst werden. Spüren Sie Bewegung in der Rippengegend oder eher im Bauch?

- 3 Atemzüge an jeder Station
  Nehmen Sie sich einige Minuten Zeit, um jeweils drei Atemzüge lang an jeder für Sie wahrnehmbaren „Station" nachzuspüren, wie sich Ihr Atem anfühlt: Drei Atemzüge lang richten Sie Ihre Aufmerksamkeit nur

auf den Ort, wo Sie ihn beim Eintritt als Erstes spüren, dann wechseln Sie für drei Atemzüge mit Ihrer Aufmerksamkeit zu dem Ort, wo Sie den Atemstrom gerade noch so wahrnehmen können. Weitere drei Atemzüge lang fokussieren Sie Ihre Aufmerksamkeit auf das Gefühl in Ihrem Brustkorb beim Atmen und schließlich auf die Bewegung in Ihrem Bauch.

- Fokus erweitern
  Danach erweitern Sie den Fokus Ihrer Aufmerksamkeit und versuchen Ihren Atem an allen Stationen gleichzeitig wahrzunehmen.

- Auf das Befinden achten
  Beobachten Sie Ihren Atem weiter, als wenn Sie einem Musikstück lauschen würden, und registrieren Sie, wie sich dabei Ihr Befinden ändert. Verbinden Sie sich mit Ihrem Atem und achten Sie darauf, wie der innere Gedankenstrom geruhsamer fließt und wie sich innere Ruhe im gleichmäßigen Rhythmus des Atems ausbreitet.

Wenn Sie diese Übung einige Male gemacht haben, werden Sie feststellen, dass es Ihnen immer leichter fällt, die Aufmerksamkeit zu erhalten, sich nicht ablenken zu lassen, und die folgenden beiden Basiskompetenzen entwickeln Sie gleichzeitig mit.

Basiskompetenz 2:
Empfindungen differenzierter wahrnehmen

Wir bekommen üblicherweise nicht allzu viel von dem mit, was in uns passiert. Erst wenn der Körper deutliche Signale sendet wie Hunger, Durst, Schmerzen, dringt dies in unser Bewusstsein. So manches Mal bekommen wir sogar diese Signale erst dann mit, wenn es sehr deutliche Empfindungen von hoher Dringlichkeit sind.

Meditation unterstützt uns darin, unsere inneren Prozesse erst einmal überhaupt zu bemerken und sie dann in höherer Auflösung wahrzunehmen.

Dabei hilft die nächste Übung, bei der Sie Ihre Fähigkeit trainieren, Ihre Aufmerksamkeit stark zu bündeln und Ihre Wahrnehmung zu schärfen.

Dazu werden Sie Ihre Aufmerksamkeit auf einen klar eingegrenzten kleinen Bereich Ihres Körpers fokussieren, was die Bündelung Ihrer Aufmerksamkeit erleichtert. Das ist so ähnlich, als ob Sie mithilfe einer Lupe Sonnenstrahlen und in deren Fokuspunkt so viel Energie bündeln, sodass ein Feuerchen entsteht. Denn es fällt leichter, die Aufmerksamkeit zu halten und mehr Energie darin zu entwickeln, wenn Sie sich auf einen kleinen Fokus konzentrieren. Wenn Sie Ihre geballte Aufmerksamkeit beharrlich auf einen kleinen Bereich lenken, können Sie dort nach und nach Empfindungen wahrnehmen, die Sie vorher nicht spüren konnten. Dies schult Sie darin, Ihre Innenwelt und die Welt um Sie herum ebenfalls differenzierter wahrzunehmen.

Wenn Sie also bisher beispielsweise nur wussten, dass Sie irgendwie nicht gut drauf sind, werden Sie bald wissen, was genau eigentlich mit Ihnen los ist. Und ganz nach dem Motto „Selbsterkenntnis ist der erste Schritt zur Besserung" können Sie dann gezielt in die „Ich bin gut drauf"-Richtung steuern.

Interessanterweise transferiert sich die Fähigkeit, in der Meditation feine Empfindungen differenziert wahrnehmen zu können, quasi automatisch auf das echte Leben, wenn es darum geht, die eigenen Emotionen in ebenfalls hoher Auflösung zu bemerken. Und nur wenn Sie Ihre Gefühle im Moment des Entstehens, des Vergehens und aller Stadien dazwischen mitbekommen, können Sie steuernd eingreifen. Anders gesagt: Wenn Sie Ihr Gehirn mittels Meditation darauf trainiert haben, Prozesse in hoher Auflösung wahrzunehmen, dann kann es das auf jede Lebenslage transferieren. Auch dann, wenn Sie im Führungsalltag mit Situationen konfrontiert werden, die Sie heute noch „schlecht draufkommen" lassen.

Basisübung 2: Atem im Dreieck

- Fokus begrenzen
  Nehmen Sie wieder Ihre meditative Haltung ein. Orten Sie mit Ihrer Aufmerksamkeit das Dreieck unterhalb der Nasenlöcher – oberhalb der Oberlippe – begrenzt durch die Nasolabialfalten, die links und rechts der Nasenflügel zu den Mundwinkeln verlaufen. Das Schließen der Augen unterstützt Ihre Konzentration.

- Alles registrieren, was zu spüren ist
  Beobachten Sie, was Sie in diesem kleinen Dreieck spüren können: nichts, warm, kühl, ein Prickeln, einen Schweißfilm, ein Jucken, was auch immer. Nehmen Sie einfach wahr, wie sich der Bereich innerhalb des Dreiecks anfühlt, und kehren Sie nach jeder Ablenkung mit Ihrer Aufmerksamkeit einfach immer wieder in dieses kleine Dreieck zurück.

- Wahrnehmung schärfen
  Versuchen Sie den feinen Atemhauch beim ganz normalen Ein- und Ausatmen im Bereich des Dreiecks zu fühlen. Lassen Sie sich mindestens zehn Atemzüge dafür Zeit und haben Sie Geduld, wenn es Ihnen nicht gleich gelingt, den Atem in diesem Dreieck zu fühlen. Es ist absolut normal und okay, wenn es nicht auf Anhieb klappt. Wenn Sie auch nach zehn Atemzyklen nichts spüren, atmen Sie einige Atemzüge lang so tief und kräftig ein und aus, bis Sie den Atem in dem Dreieck fühlen können. Sobald Sie ihn auf diese Art gespürt haben, lassen Sie Ihren Atem wieder natürlich fließen. Geben Sie sich wieder einige Atemzyklen lang Zeit und überprüfen Sie, ob Sie jetzt den Atemstrom im Dreieck fühlen können.

Wenn es dieses Mal noch nicht geklappt hat, versuchen Sie es einfach irgendwann noch einmal. Solch feine körperliche Empfindungen bleiben oft im Hintergrund und müssen erst in den Vordergrund der bewussten Wahrnehmung geholt werden. Die wird Ihnen zweifelsfrei durch weiteres Praktizieren der Übung gelingen. Mit Sicherheit! Und es lohnt sich, denn die Fähigkeit, feine Körperempfindungen wahrnehmen zu können, ist nicht nur eine wesentliche Voraussetzung, um auch Emotionen zu bemerken und zu steuern, sondern erwiesenermaßen auch ein wichtiges Element zur Förderung der emotionalen Intelligenz und der Intuition.

Basiskompetenz 3:
Den Zustand innerer Ruhe herstellen

Wäre es nicht mehr als praktisch, innerhalb von fünf Minuten aus einem Zustand der Wut in einen Zustand zu kommen, in dem Sie eine E-Mail schreiben können, die beim Empfänger nicht wie eine Bombe einschlägt? Genau dazu werden Sie die hier vorgestellten Übungen befähigen!

Wie schon erwähnt, ist der Atem ein kostenloses, immer vorhandenes, natürliches und außerdem nebenwirkungsfreies Beruhigungsmittel.

Und es besteht ein enger Zusammenhang zwischen Emotionen, Atmung und Herzfrequenz. Aufwühlende Emotionen wie beispielsweise Angst und Wut sind automatisch mit raschen, flachen Atemzügen und Herzklopfen bzw. „Herzrasen" verbunden. Auch wenn Sie sich unruhig, unter Druck, im Stress oder sonstwie ungut fühlen, sind sowohl Ihr Atem als auch Ihr Herz eher schneller unterwegs.

Vereinfacht in einer Formel ausgedrückt, stellt sich dieser Zusammenhang wie folgt dar:

aufwühlende Emotion = schneller Atem = schneller Herzschlag

Wenn Ihre Emotionen abflauen oder Sie sich ruhig und entspannt fühlen, werden automatisch auch Ihr Atem und Ihr Herzschlag langsamer. Also:

innere Ruhe = langsames Atmen = langsamer Herzschlag

Jetzt könnten Sie natürlich warten, bis sich Ihre Gemütswallungen von selbst beruhigen, was ja ganz ohne Ihr Zutun früher oder später der Fall sein wird.

Wäre es nicht deutlich angenehmer, wenn Sie Ihren Geist quasi auf Kommando beruhigen könnten? Die gute Nachricht: Das ist recht einfach. Warum? Weil wir unseren Atem willentlich beeinflussen und dazu nutzen können, uns schnell zu beruhigen.

Wie? Ihr Atem beeinflusst Ihre Herzfrequenz und damit Ihr Gefühl. Wenn Sie langsam atmen, drosseln Sie damit Ihren Herzschlag und beruhigen Ihren Gemütszustand. Das heißt, Sie müssen nicht warten, bis Sie sich von alleine beruhigen. Verlangsamen und vertiefen Sie stattdessen Ihren Atem, stellen Sie die Variablen der Formel um in:

langsames Atmen = langsamer Herzschlag = innere Ruhe

Aus der Angsttherapie weiß man, dass vor allem eine im Verhältnis zur Einatmung längere und möglichst tiefe Ausatmung die wesentliche Rolle spielt. Die Ausatemphase bringt die eigentliche Entspannung.

Probieren Sie die folgende Übung aus, die die Herstellung innerer Ruhe besonders fördert. Sie werden den Effekt auf Ihr Gefühl von innerer Ruhe bemerken, selbst wenn Sie gerade ruhig sind. Und es wird Ihnen durch Üben in einer Normalsituation leichterfallen, diese effektive Technik auch im Ernstfall anzuwenden. Nach meiner Erfahrung fällt es den meisten Menschen nach ein wenig Übung erstaunlich leicht, sich während eines aufwühlenden Gefühls daran zu erinnern, dass langsames Atmen hilft. In jedem Fall leichter, als sich einfach nur selbst gut zuzureden. Oder hat es Ihnen schon einmal geholfen, wenn Sie sich gesagt haben „Jetzt reg dich doch nicht so auf“? Sehen Sie …

Basisübung 3: Vollatmung

- **Natürliches Atemvolumen kennenlernen**
  Atmen Sie durch die Nase und beginnen Sie damit, Ihren natürlich fließenden Atem zu beobachten. Zählen Sie während des Einatmens von 1 an aufwärts, solange das Einatmen andauert. Dann zählen Sie im gleichen Tempo bei der Ausatmung mit. Wie lange ist die Einatmung im Vergleich zur Ausatmung? Bis zu welcher Zahl haben Sie beim Ein- und Ausatmen gezählt? Lassen Sie sich einige Atemzüge Zeit, um Ihr natürliches Atemvolumen zu ermitteln.

- **Atmung vertiefen**
  Atmen Sie jetzt langsam ein bis zu der Zahl, die Sie zuvor ermittelt haben, und dann langsam aus. In der letzten Phase des Ausatmens ziehen Sie erst den Bauchnabel in Richtung Wirbelsäule nach innen ein und dann den gesamten Bauch. Beobachten Sie, wie sich dadurch Ihr Atem vertieft. Bis wohin zählen Sie jetzt beim Ausatmen?

- **Atmen in Stationen**
  Atmen Sie nun während des Einatmens in vier Stationen: erstens in den Bauch, sodass sich die Bauchdecke hebt, zweitens in den Brustkorb, mit dem Gefühl, dass sich dieser weitet, drittens bis in die letzte Lungenspitze, sodass sich der Brustkorb hebt, so tief Sie können, ohne dass Sie in Luftnot geraten. Danach lassen Sie den Atem einfach ohne irgendeine Reihenfolge durch die Nase entweichen und ziehen zum Abschluss wieder erst den Bauchnabel, dann den Bauch ein.

- **Atemstopp nach dem Einatmen**
  Nachdem Sie einige Atemzüge auf diese Weise tief geatmet haben, bauen Sie am Ende des Einatmens zusätzlich einen Atemstopp ein: Halten Sie die Luft so lange an, wie Sie können, und atmen Sie erst danach wie zuvor aus.

- **Fokus auf Atemstille beim Ausatmen**
  Richten Sie Ihre Aufmerksamkeit auf den Moment der „Atemstille“ nach dem Ausatmen und lassen Sie ihn zu, bis Ihr Körper wieder nach

Einatmung verlangt. Halten Sie nach dem Einatmen nicht die Luft an, sondern wechseln Sie nahtlos zur Ausatmung über.

- Ausatmen verlängern
  Zählen Sie wieder beim Ein- und Ausatmen mit und versuchen Sie, mindestens eine Zahl länger aus- als einzuatmen. Also z. B. „1 – 2 – 3 – 4" einatmen, „1 – 2 – 3 – 4 – 5" ausatmen. Probieren Sie aus, wie weit Sie das Ausatmen im Vergleich zum Einatmen verlängern können.

Varianten zur Basisübung 3

Um das Gefühl von Ruhe noch zu verstärken, können Sie nach Gusto folgende Varianten einbauen. Probieren Sie aus, was Ihnen am meisten liegt:

- Duft
  Unterstützen Sie die vertiefte Atmung durch einen für Sie angenehmen fantasierten oder realen Duft. Besorgen Sie sich ein Fläschchen mit einem beruhigenden ätherischen Öl, beispielsweise Lavendel, Jasmin, Sandelholz oder Weihrauch, und halten Sie sich während der Übung das Fläschchen unter die Nase oder verdampfen Sie das Öl über eine Aromalampe. Das bewusste „Erschnüffeln" des Duftes erleichtert die tiefe Bauchatmung und entspannt zusätzlich durch die Wirkung der Öle. Wenn Sie Ihr Fläschchen bei sich tragen und in Stresssituationen daran riechen, kommen Sie später schon dadurch leicht zur Ruhe, selbst wenn Sie sonst nichts weiter unternehmen.

  Extratipp: Träufeln Sie ein wenig von Ihrem favorisierten Lieblingsduft zum Einschlafen auf Ihr Kopfkissen und führen Sie die obige Übung im Liegen durch. Ich selbst verwende gern das Kopfkissenspray von Weleda „Sleep Therapie Lavendel", das ich auf meinen zahlreichen Seminarreisen immer dabei habe. Ich schätze sehr den Zusatzeffekt, dass ich mich dadurch in fremden Hotelzimmern sofort zu Hause fühle und besser schlafe, weil mich der Duft an mein eigenes Bett zu Hause erinnert. Sie sehen, ich arbeite mit allen Tricks :-). Vielleicht ist das eine Idee, die Sie ausprobieren möchten, wenn Sie das nächste Mal rund um den Globus unterwegs sind.

- „Wegtönen"
  Verstärken Sie den entspannenden Effekt des Ausatmens, indem Sie dabei einen Summlaut machen, stöhnen, seufzen oder irgendeinen anderen Laut, der für Sie passt. Stellen Sie sich dabei vor, Sie würden mit dem Laut zusammen alles „wegtönen", was Sie belastet, nervt oder ärgert.

- Singen und pfeifen
  Singen oder pfeifen Sie Ihr Lieblingslied. Das vertieft Ihren Atem ganz natürlich: Wer singt oder pfeift, muss tief ausatmen! Vielleicht ein Grund, warum Kinder singen, wenn sie Angst haben ...

Basiskompetenz 4:
Gedankenaktivität eindämmen und beruhigen

Bitte stellen Sie sich hierzu einen Kurzzeitwecker auf eine Minute ein. Versuchen Sie eine Minute lang nichts zu denken. – Und? Geschafft? Ich vermute, nein. In uns allen denkt es ganz ohne unser Zutun. Rund 60.000 Gedanken pro Tag, 22 Millionen jedes Jahr. Ein nicht enden wollender Gedankenstrom. Besonders wenn Sie nichts denken wollen, hören Sie diesen inneren Dauerlärm, der Ihnen sonst gar nicht bewusst wird. Und es sind nicht nur Gedanken, die Sie weiterbringen, sondern viele Endlosschleifen, die wie eine hängen gebliebene Schallplatte immer wieder um einen quälenden Punkt kreisen, ohne dass Sie das stoppen könnten. Es sei denn ... Genau! Es sei denn, Sie üben sich in Achtsamkeit. Denn je mehr Sie sich auf Ihr Meditationsobjekt konzentrieren, umso weniger Platz bleibt in Ihrem Gehirn für Sorgen, Ängste, Pläne, Gedanken an gestern oder morgen. Durch die Konzentration auf das gewählte Objekt wird die Konzentration gleichzeitig auf das „Jetzt" gelenkt und der Gedankenstrom effektiv eingedämmt und beruhigt.

Aber bitte erwarten Sie nicht schon von den ersten Übungen, dass in Ihrem Kopf komplette Stille einkehrt. Zunächst einmal wird es Ihnen wie das Gegenteil vorgekommen sein, oder? Sie werden wahrscheinlich wie alle Meditierenden die Erfahrung gemacht haben, dass Sie Ihre Aufmerksamkeit nur einige mehr oder weniger lange Momente ausschließlich auf den Atem richten konnten. Dann sind Sie voraussichtlich unbeabsichtigt in Gedanken abgeschweift und fingen an zu tagträumen, ohne das sofort zu registrieren. Möglicherweise sind Sie auch weggedöst. Abhängig von Ihrer schon vorhandenen Konzentrationsfähigkeit, Ihrer Motivation und Ihrem Wachheitsgrad werden Sie mehr oder weniger schnell bemerkt haben, dass Sie abgedriftet sind. Sicher haben Sie den Wechsel von Phasen der Konzentration und des Abdriftens bemerkt. Immer hin und her ...

Umso mehr, wenn es gerade viele andere Dinge gibt, die Sie beschäftigen. Je mehr Sie Ihre Konzentrationsfähigkeit durch regelmäßiges Üben stärken, umso länger werden Sie die Aufmerksamkeit halten können und ein Abdriften immer schneller bemerken und beenden können. Lassen Sie sich nicht von den ersten Versuchen frustrieren, es ist das Wesen der Aufmerksamkeit, dass sie unstet ist, und es ist tatsächlich nicht ganz einfach, sich dauerhaft auf einen gleichförmigen Reiz zu konzentrieren. Unser Gehirn nutzt in solchen Ruhephasen einfach die Chance, Gedanken darüber, was man gerade tut, was man noch zu tun hätte, Erinnerungen, Pläne und alles mögliche andere in den Vordergrund des Bewusstseins zu bringen. Dass dieses die Übung störende Phänomen seine guten Seiten hat, erfahren Sie ein bisschen später in den Erläuterungen zum „Default-Modus".

Schon durch das regelmäßige Üben der 1. Basisübung wurden Ihre Gedanken etwas beruhigt. Hier eine weitere Übung, die Sie in einer hilfreichen Technik schult, Ihre Gedankenaktivität einzudämmen, und Sie befähigt, wohltuenden Abstand von den Dingen zu nehmen, die Sie aktuell beschäftigen.

Basisübung 4: Atemzüge zählen

- Auf Fokuspunkt Ihrer Wahl konzentrieren
  Nehmen Sie Ihre Haltung ein und konzentrieren Sie sich auf Ihre Atemzüge. Fokussieren Sie dabei wieder auf das Dreieck unterhalb der Nasenlöcher – oberhalb der Oberlippe –, begrenzt durch die Nasolabialfalten links und rechts der Nasenflügel zu den Mundwinkeln. Wenn es

Ihnen noch schwerfällt, den Atemhauch dort wahrzunehmen, können Sie auch auf das Gefühl Ihres Atems am Eingang der Nase oder in der Nase fokussieren. Wählen Sie als Fokuspunkt einfach den Bereich, in dem es Ihnen am leichtesten fällt, Ihren Atem wahrzunehmen.

- Zusätzlich bis 10 zählen
  Während Sie Ihre Atemzüge am gewählten Fokuspunkt wahrnehmen, zählen Sie jetzt zusätzlich bei jedem Atemzug innerlich mit: beim Einatmen „1" – Ausatmen „2" – Einatmen „3" – Ausatmen „4" und so fort, bis Sie bei 10 angekommen sind.

Im Vordergrund sollte weiter die Konzentration auf den Atem stehen, das Zählen läuft im Hintergrund ab und soll nur um die zehn Prozent Ihrer Aufmerksamkeit beanspruchen. Nehmen Sie BEIDES gleichzeitig wahr, den Atem und das Zählen.

Durch die zusätzliche geistige Beschäftigung mit dem Zählen wird das gedankliche Abdriften erschwert, und wenn es doch geschieht, werden Sie es schneller bemerken: Ihnen fällt bald auf, dass Sie nicht mehr wissen, bei welcher Zahl Sie gerade waren, oder dass Sie versehentlich über die 10 hinaus gezählt haben. Dann beginnen Sie einfach wieder bei 1 und fahren fort.

Mit Varianten Fortschritte fördern

- Nur noch komplette Atemzüge zählen
  Wenn es Ihnen schon leichtfällt, sowohl beim Ein- als auch Ausatmen mitzuzählen, probieren Sie die Variante, nur noch jeweils den kompletten Atemzug zu zählen. Also: Einatmen/Ausatmen „1" – Einatmen/Ausatmen „2" – ... Das erhöht den Schwierigkeitsgrad, denn die Lücken zwischen den Zählschritten werden größer und Sie müssen sich die letzte Zahl länger merken. Dabei bleibt mehr Platz zum Wahrnehmen des Atems, aber auch mehr Gelegenheit für das „Einschleichen" anderer Gedanken.

- „Zehner-Päckchen"
  Versuchen Sie während des beschriebenen Prozesses zusätzlich auch noch im Kopf zu behalten, wie oft Sie schon bis 10 gezählt haben. Nach jedem Durchlauf, den Sie bis 10 gekommen sind, vermerken Sie gedanklich „Päckchen 1", „Päckchen 2" usw. Wenn Sie sich zwischenzeitlich nicht mehr erinnern können, bei welchem Päckchen Sie eigentlich gerade waren, fangen Sie einfach wieder bei 1 an. Nach und nach werden Sie immer mehr Päckchen packen können, ohne wieder bei 1 anfangen zu müssen. Wenn Sie sich von Versuch zu Versuch merken, wie viele Päckchen Sie heute „geschafft" haben, macht das für Sie als motivierenden Nebeneffekt Fortschritte „messbar". Denn je mehr Päckchen Sie durchlaufen, ohne wieder von vorne anfangen zu müssen, umso länger können Sie Ihre Aufmerksamkeit schon erhalten. Ihre Konzentrationsfähigkeit hat sich erhöht!

  Bitte bedenken Sie dabei, dass Achtsamkeit kein Sport ist, bei dem es ums Gewinnen geht! Es wäre kontraproduktiv, wenn Sie sich geißeln, um möglichst viele Päckchen zu „schaffen". Bleiben Sie auch geduldig, wenn es trotz Übung an manchen Tagen auch wieder einmal weniger Durchläufe sind, die Sie ohne Wegdriften bewältigen. Das ist völlig normal und hängt schlicht von Ihrer Tagesform ab, die natürlicherweise aufgrund vieler Faktoren schwankt.

- Worte statt Zahlen
  Sie können unwillkürlich auftauchende Gedanken auch eindämmen, indem Sie zusätzlich zur Wahrnehmung des Atems im Hintergrund einen Satz denken. Dieser Satz sollte für Sie eine positive Bedeutung haben und kurz und unkompliziert sein. So etwas wie „Alles ist gut so, wie es ist" oder „Ich lebe gern" oder „Ich sage Ja zum Leben". Passend zum Rhythmus Ihres Atems denken Sie Ihren Satz im Hintergrund. Den Schwierigkeitsgrad können Sie erhöhen, indem Sie mehrere Sätze kombinieren oder wieder Päckchen packen und sich die Durchläufe, wie oft Sie den Satz gedacht haben, merken.

Mit den obigen Übungen haben Sie eine gute Basis für die anspruchsvolleren, nun folgenden Techniken geschaffen: Sie können schon Ihre Aufmerksamkeit lenken und erhalten, innere Ruhe herstellen und Ihre Gedankenaktivität eindämmen. Es wird Ihnen nun möglich sein, den nächsten Schritt zu gehen und Ihre Gefühle genauer unter die Lupe zu nehmen.

Masterkompetenz 1:
Emotionen beobachten ohne Reaktion

Mit der Entwicklung dieser Kompetenz, die Sie zur distanzierten Beobachtung Ihrer Emotionen befähigt, werden Sie Gelassenheit, Selbstbestimmtheit und Wahlfreiheit gewinnen, indem Sie lernen, Handlungsimpulsen nicht blind zu folgen. Im ersten Schritt wird es Ihnen gelingen, sich nicht gleich zu kratzen, wenn es Sie juckt, was im nächsten Schritt – vorausgesetzt Sie üben regelmäßig – dazu führt, dass Sie nicht gleich brüllen, wenn Sie wütend sind.

Ein zentrales Ziel des Meditationstrainings ist es, die Fähigkeit zur Regulation von Emotionen weiterzuentwickeln. Damit nimmt Meditation unmittelbar Einfluss auf Ihre Widerstandskraft und Resilienz. Denn Emotionen wie Wut, Trauer oder Angst können sich zu psychischen Störungen auswachsen, wenn sie durch Grübeln, Verurteilen und Selbstvorwürfe verstärkt werden und sich so aufschaukeln, dass sich beispielsweise Traurigkeit zur Depression steigert. Durch Achtsamkeitspraxis wird dieser Prozess unterbrochen.

Jetzt, wo Sie eine stabile sensibilisierte Aufmerksamkeit entwickelt haben, werden Sie diese auf Ihren Körper richten, um zu lernen, Ihre Gefühle präzise und in hoher Auflösung wahrzunehmen und dadurch letztlich auch steuern zu können.

Warum macht es Sinn, auf den Körper zu fokussieren, wenn ich mich doch eigentlich mit Gefühlen beschäftigen will? Weil jedes Gefühl mit einer spezifischen körperlichen Empfindung verknüpft ist und es den meisten Menschen leichterfällt, sich eines Gefühls bewusst zu werden, wenn sie ihre Aufmerksamkeit auf den Körper statt auf den Geist richten.

„Was fühlen Sie gerade?" „Wie geht es Ihnen?" Wenn Sie eine solche Frage gestellt bekommen, richten Sie Ihren Fokus automatisch auf Ihren aktuellen körperlichen und emotionalen Zustand und rufen damit Informationen zu Ihrem Befinden ab. Wenn Sie allerdings gerade niemand danach fragt und wenn gerade kein intensives Körpergefühl wie beispielsweise Schmerzen, Hunger, Durst, Sex oder eine volle Blase Ihre Aufmerksamkeit auf sich zieht, dann ist unser Körper oft wie ausgeblendet. Im Verlauf der Achtsamkeitspraxis werden Sie auch subtile Empfindungen wahrnehmen lernen, die Ihnen sonst nie bewusst werden würden.

Möglicherweise erschließt sich Ihnen jetzt noch nicht, dass diese Fähigkeit einen hohen Stellenwert bei der Entscheidungsfindung in komplexen Situationen und bei der Entwicklung von Intuition und positiven Emotionen hat. Denn eine erweiterte Wahrnehmung von Körperempfindungen führt zu einem verfeinerten emotionalen Gespür, was sich auch auf Denk- und Entscheidungsprozesse auswirkt.

Denken Sie bitte einmal an eine Ihrer letzten Entscheidungen im Rahmen Ihrer Führungspraxis zurück: Konnten Sie dabei ganz in Ruhe alle relevanten Faktoren, möglichen Konsequenzen und Alternativen abwägen, um schließlich nach reiflicher Überlegung zum Für und Wider die bestmögliche Alternative auszuwählen?

Ich vermute, nein. In der realen Unternehmenswelt bleibt für die ideale Entscheidung meist keine Zeit und die Komplexität der Aufgabe, oft gepaart mit fehlenden Informationen, lässt eine vollständige Analyse der Sachlage häufig nicht zu. Wie also haben Sie Ihre Entscheidung getroffen? Wahrscheinlich zumindest in Teilen intuitiv und „aus dem Bauch heraus".

Nach der Theorie der „somatischen Marker" des durch seine Arbeiten zur Bewusstseinsforschung bekannten Neurowissenschaftlers Damasio werden alle Erfahrungen eines Menschen in einem emotionalen Erfahrungsgedächtnis gespeichert, das uns körperliche Warn- oder Startsignale sendet und uns so unbewusst bei der Entscheidungsfindung hilft, indem es unsere Vorhaben auf Basis individueller Erfahrungen als günstig oder risikoreich und gefährlich bewertet.

In seinen Experimenten konnte Damasio nachweisen, dass Menschen, die Warnsignale aus dem Körper übergehen, Risiken eingehen, die hohe Verluste zur Folge haben. Die Beachtung körperlicher Signale ist darüber hinaus ein wesentlicher Baustein der emotionalen Intelligenz und der Entwicklung von intuitiver Kompetenz.

Mit Meditation lernen Sie, Ihre Körperwahrnehmung zu verbessern und Ihren Intuitionen mehr zu vertrauen, was zu mehr Selbstbewusstsein, Autonomie und Authentizität beiträgt.

In der folgenden Übung, dem Bodyscan, beobachten Sie Ihre Körperempfindungen und Gefühle im Moment des Entstehens, des Vergehens und der Zeit dazwischen. Mit der Zeit entwickelt sich dabei eine eindrückliche Einsicht: ALLES, was kommt, geht auch wieder. Diese Erkenntnis haben Sie vielleicht über Ihren Verstand schon lange zuvor gewonnen, Sie werden aber feststellen, dass die hier entstehende Einsicht tiefer geht.

Gleichmütiges Beobachten Ihrer Körperempfindungen führt zu einem inneren Klärungsprozess, der negative Gefühle abnehmen lässt und mit der Zeit durch positive ersetzt. Dann ist es kein durch den Verstand geleiteter Akt mehr, wenn Sie sich trotz aufwühlender Emotionen dennoch „beherrschen“ können. Es wird Ihnen stattdessen immer öfter gelingen, ruhig zu bleiben, weil Sie tatsächlich innerlich ruhig sind, wo Sie früher trotz guter Vorsätze Ihres Verstandes scheiterten und sich hinterher über Ihre impulsive „Robotermodushandlung“ ärgerten.

Um den Bodyscan erfolgreich nachvollziehen zu können, ist es hilfreich, wenn Sie schon wenigstens 10 Minuten lang achtsam bleiben können. Denn dies ist in etwa die Zeitspanne, die Sie brauchen, um Ihren Körper einmal zu „durchwandern“. Sie finden in anderen Publikationen oder im Internet verschiedene Anleitungen für einen Bodyscan. Ich empfehle Ihnen, den Bodyscan die ersten Male mit einer gesprochenen Anleitung zu üben. Ich habe Ihnen eine solche Anleitung vorbereitet. Mit dem nebenstehenden QR-Code können Sie sich diese downloaden.

Nachdem Sie die Reihenfolge verinnerlicht haben, sollten Sie sich dann aber bald unabhängig machen und ohne gesprochenen Text üben. Auf diese Weise können Sie in jeder Region Ihres Körpers so lange bleiben, wie es Ihnen passt, und werden nicht durch die Weiterführung durch meine gesprochene Anleitung aus Ihrer Konzentration herausgerissen.

Masterübung 1: Bodyscan

- Haltung einnehmen
  Sie können den Bodyscan im Sitzen, Liegen oder Stehen durchführen. Am besten mit geschlossenen Augen, dann fällt es leichter, sich nach innen zu wenden.

- Einstimmen und sammeln
  Fokussieren Sie für einen Moment auf Ihren Atem. Wenn es Ihnen noch schwerfällt „reinzukommen", zählen Sie Ihre Atemzüge mit wie zuvor.

- Körper scannen
  Konzentrieren Sie sich nun auf den höchsten Punkt an Ihrem Hinterkopf. Von dort ausgehend, bewegen Sie sich mit Ihrer Konzentration spiralförmig über den gesamten Hinterkopf. Lassen Sie sich so viel Zeit, wie Sie brauchen, um alle Empfindungen, die an Ihrem Hinterkopf zu fühlen sind, wahrzunehmen: vielleicht eine Temperaturempfindung, ein Kribbeln, falls Sie liegen, den Kontakt zum Untergrund ... Achten Sie auf alle Empfindungen, ohne etwas zu tun. Wie lange dauern sie an?

  Wandern Sie dann mit Ihrer Aufmerksamkeit Ihre gesamte Rückseite entlang: vom Hinterkopf über den Nacken, die Rückseite des einen und des anderen Arms, den Rücken hinunter, nehmen Sie Ihren Po und die Rückseite Ihrer Oberschenkel und Waden wahr bis zu den Fußsohlen.

  Nehmen Sie sich für jede Region einige Atemzüge lang Zeit, immer so lange, bis Sie sich der jeweiligen Stelle wirklich bewusst sind. Erst dann verschieben Sie Ihren Aufmerksamkeitsfokus millimeterweise weiter, immer begleitet vom ruhigen Atem. Wenn Sie auf eine Stelle stoßen, die sich verspannt anfühlt, bleiben Sie einen Moment länger dort und lassen mit einigen Malen vertiefter Ausatmung die Spannung sich auflösen.

Lassen Sie sich auch Zeit, um zu spüren, welche Stellen Sie mehr oder weniger deutlich fühlen können, welche Teile präsent sind oder eben nicht. Spüren Sie die Oberfläche Ihres Körpers und versuchen Sie auch in ihn „hineinzufühlen". Dann wandern Sie auf die gleiche Weise mit Ihrer Aufmerksamkeit auf der Vorderseite Ihres Körpers von unten nach oben und fühlen in Ihr eines Bein, den Fußrücken, jeden einzelnen Zeh, das Fußgelenk, den Unterschenkel, das Knie, den Oberschenkel. Dann das andere Bein von unten nach oben. Wenn Sie nur Ihren großen Zeh fühlen und die anderen nicht, bewegen Sie sie leicht, um Ihr inneres Bild von den kleineren Zehen aufzufrischen.

Dann den Bauch, die Vorderseite des einen und des anderen Arms, den Brustkorb, den Hals und zuletzt das Gesicht. Spüren Sie jeden einzelnen Bereich. Die Stirn: Ist sie angespannt? Lassen Sie beim nächsten Ausatmen die Anspannung entweichen. Wie fühlen sich die Augen an? Der Mund? Der Kiefer?

Bleiben Sie gelassen, wenn unangenehme Gefühle oder Empfindungen auftauchen. Beobachten Sie einfach, wie sie ganz von selbst wieder verschwinden. Wenn es Sie juckt, kratzen Sie nicht gleich. Warten Sie wenigstens einen Moment ab. Sie können auch versuchen, bei Schmerzen oder anderen Störungen Ihrer Aufmerksamkeit diese zu benennen, statt Ihrem Impuls nachzugeben, etwas verändern zu wollen. Das hilft meistens.

Lassen Sie sich auch nicht von ungewohnten Erfahrungen beunruhigen, wie z. B., dass Sie Ihren Herzschlag hören oder dass Tränen in Erinnerung an alte Verletzungen aufkommen. Das ist normal. Behalten Sie einfach die Haltung eines aufmerksamen Beobachters bei.

Nehmen Sie zum Abschluss Ihren Körper als Ganzes wahr.

- Fokuspunkt nutzen
  Um Ihre Konzentration zu intensivieren und Ihre Aufmerksamkeit leichter gesammelt zu erhalten, ist es hilfreich, mit einem körperlichen Fokuspunkt zu arbeiten. Dazu können Sie beispielsweise während des Bodyscans, aber auch bei allen anderen Übungen, Ihre Hände so vor dem Bauch ineinanderlegen, dass sich die Spitzen der Daumen berühren, mit Zeigefinger und Daumen einen Ring bilden, während Sie die Hände auf den Knien ablegen oder – mein persönlicher Favorit – die Zungenspitze an den Gaumen legen. Da gerade die Hände und der Mundbereich besonders dicht mit sensiblen Nervenfasern durchzogen sind, sind diese Bereiche im Gegensatz zu einem Punkt an den Armen, Beinen oder am Rücken sehr gut zu spüren und damit gut geeignet, die Konzentration dort zu sammeln. Experimentieren Sie einfach mit den verschiedenen Möglichkeiten und finden Sie Ihren Favoriten.

Masterkompetenz 2:
Gedanken wahrnehmen ohne Reaktion

Gedanken sind noch unbeständiger als Gefühle. Sie tauchen schneller auf und sind schneller wieder weg. Sie zu beobachten ist schon aus diesem Grund schwieriger. Noch, dazu haben wir unseren Gedanken gegenüber ein starkes „Ich-Gefühl“ im Sinne von „Ich bin, was ich denke“. Da fällt es schwer, diesen uns so nahen Bestandteil unseres Selbst distanziert zu beobachten. Mit den in den vorigen Übungen aufgebauten Kompetenzen wird Ihnen aber auch diese Aufgabe gelingen.

Ob im Coaching oder in meinen Seminargruppen, immer wieder höre ich enttäuschte Stimmen: „Also, in meinem Kopf ist es beim Meditieren überhaupt nicht still. Ganz im Gegenteil.“ Wenn Sie schon ein wenig geübt haben, werden Sie sich jetzt schon nicht mehr so sehr vom Strom Ihrer Gedanken, all den wilden Assoziationen und Vorstellungen mitnehmen lassen. Aber die der Meditationspraxis zugeschriebene Gedankenstille werden Sie möglicherweise noch nicht erreicht haben. Denn selbst wenn Sie ganz bei der Sache sind, wird es passieren, dass Sie Ihr Tun bewerten und etwas denken wie: „Jetzt hab ich's! Ich bin total konzentriert!“ Auch das ist noch nicht die Gedankenstille, die Sie erwartet.

Zu Ihrem Trost:

1. „Abschweifen“ hat einen wichtigen Grund (siehe Extrakasten zum Default-Modus)
2. Selbst wenn Sie niemals Gedankenstille erleben, bringt Ihnen jede Minute Achtsamkeitspraxis eine Extraportion innere Kraft.
3. Selbst Meditationsprofis erleben nur Momente der inneren Stille.

Also verbeißen Sie sich, dieses Phänomen unbedingt erreichen zu wollen. Verbissenes Üben ist im Zusammenhang mit den hier vorgestellten Kompetenzen mehr als kontraproduktiv! Sie sind schon ein Meditationsheld, wenn Sie immerhin zunehmend schneller bemerken, wann Sie in den Gedankenstrom eintauchen und sich mitnehmen lassen!

Dass Sie es bemerken, befähigt Sie dazu, auch wieder ans Ufer zu treten und von dort aus gelassen dem Fluss der Gedanken zuzuschauen. Und wenn Sie das können, können Sie auch im Alltag ablenkende Störreize besser an sich vorbeiziehen lassen, ohne darauf zu reagieren. Denn Ihr Gehirn nutzt die aufgebauten Kompetenzen ja auch außerhalb der Zeit, in der Sie meditieren, und Achtsamkeit wird zum Normalzustand.

Masterübung 2: Gedanken beobachten

Richten Sie Ihre Aufmerksamkeit auf Ihren Atem, so wie es sich im Verlauf der vorigen Übungen für Sie am praktikabelsten erwiesen hat.

- Den „Gedankenfluss“ beobachten
  Stellen Sie sich vor, Ihre Gedanken wären ein Fluss und Sie stünden am Ufer und schauten zu, was da alles an Ihnen vorbeifließt. Ganz gleich, was Sie denken, ob negativ oder positiv, akzeptieren Sie alles, was kommt. Versuchen Sie keinesfalls, die Wogen zu glätten, den Fluss zu stoppen, zu blockieren oder umzuleiten. Sie erzeugen damit nur noch mehr Gedanken, ähnlich, als wenn Sie mit einem Stock aufs Wasser schlagen wollten, um die Wellen zu beruhigen. Sie beruhigen sich ganz von selbst. Kehren Sie immer wieder auf Ihre Position als Beobachter am Ufer zurück, indem Sie Ihre Aufmerksamkeit auf das Gefühl

Ihres Atems richten, und lassen Sie das Rauschen des Gedankenflusses in den Hintergrund treten. Es ist einfach nur ein Hintergrundgeräusch, wie wenn Sie bei der Arbeit nebenbei Radio hören, ohne dem Programm wirklich zu folgen.

- Gedankenstille erhalten
  Es kann gut sein, dass Ihre Gedanken schon jetzt plötzlich ganz aussetzen und verstummen. Es ist ganz typisch, dass dann ein Gefühl von Stolz und Freude auftaucht und Sie anfangen, über die Stille nachzudenken, statt sie zu erleben. Auch dann gilt: Zurück ans Ufer ...

- Gedanken als Motor für Gefühle den Treibstoff entziehen
  Gedanken lösen Gefühle aus, Gefühle wieder weitere Gedanken und so fort. Ob nun von Gedanken oder Gefühlen – Sie sollten immer wieder ans Ufer zurückkehren und sich nicht dauerhaft vom Strom mitnehmen lassen. Richten Sie Ihre Aufmerksamkeit zwischendurch immer wieder auch einmal auf Ihren Körper und spüren Sie eventuelle Spannungen auf: festgehaltene Schultern, Steifigkeit im Genick, festgehaltener Bauch, häufig verbunden mit Emotionen, wie die Angst, die uns im Nacken sitzt, oder Sorgen, die auf den Magen schlagen. Um die Spannungen zu lösen und die Gefühle zu beruhigen, verweilen Sie einen Moment mit Ihrer Aufmerksamkeit dort, begleitet von einigen vertieften Ausatemzügen. Damit entziehen Sie gleichzeitig Ihren Gedanken den Treibstoff und sie kommen bald von selbst zur Ruhe.

- Fokus auf Gedankenlücke richten
  Richten Sie Ihre Aufmerksamkeit auf die stillen Pausen, die zwischen zwei aufeinanderfolgenden Gedanken entstehen, und versuchen Sie, diese Lücke auszudehnen. Wie? Konzentrieren Sie sich auf die Lücken, wie Sie sich zuvor auf das Gefühl am Naseneingang konzentriert haben. Dadurch vergrößert sich die Lücke automatisch.

Variante

Während Sie Ihre Gedanken vom Ufer aus beobachten, können Sie diese klassifizieren: Welche Gedankenvorgänge sind nützlich und tun Ihnen gut? Welche sind eher schädlich und/oder nutzlos?

Wenden Sie diese Art der Selbstreflexion auch außerhalb der Meditation mitten im Alltag immer wieder einmal an. Gehen Sie ans Ufer und nehmen Sie eine Beobachterrolle oder Metaposition ein, von der aus Sie sich fragen können, ob Sie den aktuellen Gedanken mehr oder weniger Raum geben möchten. Gedanken, die Ihnen Kraft und Freude rauben, lassen Sie dann genauso weiterziehen wie in der Meditation auch.

Masterkompetenz 3:
Sein statt tun

In den zurückliegenden Übungen haben Sie einzelne Bereiche des Bewusstseins jeweils für sich genommen näher beleuchtet und Ihre Fähigkeit zur Selbstregulation damit erhöht. Sie haben zunächst Ihren Atem, dann Ihren Körper und schließlich Ihre Gefühle und Gedanken erst einmal bewusst wahrgenommen und dann geübt, den Impulsen aus diesen Bereichen nicht sofort nachzugeben. Sofern Sie die Übungen regelmäßig praktizieren, können Sie nun Ihre Aufmerksamkeit und Konzentration länger aufrechterhalten, Ihre Gefühle differenzierter wahrnehmen, über Ihren Atem jederzeit einen Zustand innerer Ruhe herstellen und die Aktivität Ihrer Gedanken eindämmen und steuern.

Die bereits vorgestellten Übungen nutzen Meditation als Toolbox mit Techniken, die Ihr Erregungsniveau bei Bedarf senken, Körperspannungen lösen, den Geist klären und Gefühle und Gedanken beruhigen.

Jetzt geht es um eine tiefere Dimension dessen, was Meditation vermag. Denn Achtsamkeit trainieren ist mehr, als sich ein Tool anzueignen, es geht auch um den Motor und den Strom, der ihn antreibt, also um Selbsterkenntnis und um eine erweiterte Wahrnehmung von allem, was geschieht.

In dieser letzten, auf allen vorigen Kompetenzen aufbauenden Masterkompetenz beschäftigen wir uns mit der Kultivierung positiver Gefühle, Ihrem Glück und vor allem mit der Fähigkeit, eins mit sich und der Welt zu sein, statt außer sich zu geraten.

Was ist Glück?

Wann wird die Zeit kommen, in der Sie hundertprozentig glücklich sein werden? Was denken Sie: Schaffen Sie es nächste Woche? In einem Monat? In einem Jahr oder einem Jahrzehnt? Und welche Bedingungen müssen erfüllt werden, damit Sie zufrieden sein können? Werden Sie zufrieden und glücklich sein, wenn Sie mehr Anerkennung für Ihre Arbeit bekommen, befördert werden, einen Lottogewinn machen oder die Traumfrau endlich „Ja" sagt? Oder ist die Voraussetzung für Ihr Glück vielleicht, dass der Job anders wird, als er ist – die Kollegen netter, der Chef Ihren Ideen gegenüber aufgeschlossener und Ihre Mitarbeiter engagierter? Und denken Sie, Sie müssten nur genug dafür tun und fleißig an Ihrem Glück arbeiten, und dann wird es endlich kommen?

Falls Sie solche Ideen haben sollten: Sorry, das sind alles nur Vorstellungen in Ihrem Kopf. Und diese Vorstellungen sorgen leider dafür, dass Sie Gefahr laufen, Ihr Glück und Ihr Leben zu verpassen.

Glück entsteht aus der Fähigkeit, die Wellen so zu reiten, wie sie kommen, statt sich gegen sie zu stemmen, und ist nicht das Ergebnis von erfüllten Wünschen und erreichten Zielen.

Glück ist vollkommen unabhängig von allen äußeren Umständen. Oder wie sollte es sonst möglich sein, dass ein bettelarmer Brasilianer ohne Bleibe trotz allem tanzt und lacht?

Sobald Sie gelernt haben, sich den Wellen des Lebens zu überlassen und nicht mehr dagegen zu kämpfen, ist es egal, wo Sie arbeiten, wie viel Sie verdienen, ob Sie aktuell eine Ehekrise haben oder ob Ihr Job auf dem Spiel steht. Sie werden trotz allem glücklich sein.

Glück ist genauso wenig wie jeder andere Zustand eine ewig andauernde Sache. Ganz gleich, was Sie auch immer tun und wo Sie arbeiten, Glück werden Sie immer nur für einige Momente empfinden.

Helle und dunkle Perlen

Die gute Nachricht lautet: Es ist leicht, die Momente des Glücks zu vermehren und wie Perlen an einer Kette aneinanderzureihen, sodass Sie sich insgesamt glücklich fühlen. Sicher nicht gerade dann, während Ihr Chef Ihnen eröffnet, dass die Konzernzentrale in eine weit entfernte Stadt umzieht und Sie deshalb entweder Ihren Lebensmittelpunkt verlagern müssen oder Ihren Job verlieren. Auch nicht in dem Moment, wo Ihre Frau oder Ihr Mann abends nicht mehr da ist, wenn Sie nach Hause kommen, und auf einem Zettel auf dem Küchentisch steht: „Ich bin ausgezogen. Ich kann dich nicht mehr ertragen."

Aber immer wieder und trotz allem ist es jedem von uns möglich, glücklich und zufrieden zu sein. Und die anderen, die dunklen Momente, entpuppen sich oft im Nachhinein betrachtet ebenfalls als Perlen: Vielleicht sind diese Perlen schwarz, aber gerade diese Sorte zwingt uns manchmal zu unserem Glück und lässt uns endlich die Energie finden, unser Leben zu verändern und ohne Wehmut das hinter uns zu lassen, was nicht mehr zu uns passt.

Aber wie geht das? Was können Sie tun, um die hellen Glücksperlen zu finden und möglichst viele davon zu einer Kette aneinanderzureihen?

Auch wenn es sich manchmal so anfühlen mag: Sicher nicht, indem Sie verbissen dem vermeintlichen Glück in Form von mehr Geld, Ruhm, Ehre und schönen Dingen hinterherjagen. Ja, Menschen freuen sich über einen Erfolg, ein neues Auto, einen luxuriösen Urlaub und fühlen sich glücklich, wenn sie etwas erreicht haben, wofür sie sich voller Elan eingesetzt haben. Und das ist auch gut so und vollkommen in Ordnung. Aber kennen Sie nicht auch jemanden, der alles erreicht hat, alles besitzt, wovon andere nur träumen, und sich trotzdem traurig und leer fühlt? Oder geht es Ihnen vielleicht selbst so?

Kein Ding, kein Erfolg, kein Urlaub kann uns dauerhaft glücklich machen. Nichts auf der Welt kann das, nur wir selbst. Und dazu müssen wir unsere Sicht auf das, was wir glauben, das uns glücklich machen könnte, überdenken.

Die stillen Momente

Denn es sind eben nicht nur die spektakulären Momente, die wie ein bombastisches Feuerwerk grellbunt in den Himmel schießen, die uns glücklich machen, sondern viel eher doch die stillen Momente, in denen wir uns selbstvergessen eins mit der Welt fühlen, Raum und Zeit keine Bedeutung haben und kein Gedanke an Vergangenheit und Zukunft durch unseren Kopf geht. Das sind die am hellsten schimmernden Perlen, die Sie finden können. Und die kullern meist gerade dann in Ihr Leben, wenn Sie nichts dazu tun, um sie herbeizuzwingen, wenn Sie gerade nichts planen, nichts wollen, entspannt im Moment leben, alles zulassen, was passiert, ohne es in eine bestimmte Richtung lenken zu wollen. Ganz bei sich, statt außer sich, frei vom Streben nach irgendetwas, für einen Moment ganz ohne Bedürfnisse, weil es perfekt ist, wie es gerade ist – eben einfach nur sein, eins sein mit sich und der Welt.

„Einfach"? Es hört sich vielleicht einfach an, gelingt uns aber üblicherweise im Alltag nur sehr selten.

Wir alle kennen zwar diese stillen, glücklichen Momente, wie ich sie eben beschrieben habe (Sie auch, oder? Das hoffe ich zumindest ...), aber die meisten von uns könnten gerne auch mehr davon vertragen.

Die meisten Menschen erleben sie vor allem in der Natur: kurzzeitig stumm vor Ehrfurcht beim Anblick eines ihrer Wunderwerke. Ergriffen vom Gefühl tiefen Friedens und großer Freude, im Innersten berührt, staunend glücklich – eine geradezu mystische Erfahrung. Aber wie oft haben wir die in unserem Leben? Gibt es einen Weg, diese außergewöhnlich schöne Perle öfter hervorzulocken?

Mystische Erfahrungen

Ja, den gibt es. Intensive Meditationspraxis kann diese mystischen Erfahrungen auslösen, intensivieren und vermehren.

Erfahrene Meditierende aller Kulturen und spiritueller Traditionen berichten immer wieder von Erfahrungen, die folgende sieben Kennzeichen gemeinsam haben:

Kennzeichen mystischer Erfahrungen

- Das Gefühl von Einssein. Das „Ich“ löst sich kurzzeitig in ein Gefühl allumfassender Einheit auf. Alles und alle scheinen sich zu einem einzigen Ganzen zu vereinen, Gegensätze und Widersprüche lösen sich auf, Vergangenheit, Gegenwart und Zukunft werden als eine Einheit erlebt.
- Tiefe Einsichten. Die Meditierenden berichten, dass ihnen während der Praxis Wissen offenbart wurde, das nicht durch rationales Denken erfahren werden kann, das für sie von großer Wichtigkeit und Bedeutung ist, lange nachwirkt und positiven Einfluss auf ihr Leben nimmt. Bei vielen entwickelt sich ein neues Vertrauen und Zuversicht in die Welt und in alles, was geschieht.
- Besondere, sehr positive Stimmung. Es entwickeln sich Gefühle von tiefem Frieden, grenzenloser Freude und allumfassender Liebe.
- Objektive Realität. Es entsteht ein Bewusstsein davon, dass wir das, was wir für Realität halten, selbst erschaffen und dass dies nur ein kleiner Ausschnitt einer objektiven Realität ist. Statt nur die begrenzte subjektive Realität wahrzunehmen, die mit der kleinen Taschenlampe unseres Bewusstseins beleuchtet für uns sichtbar wird, erhellt das Flutlicht der mystischen Erfahrung auch die Bereiche außerhalb der von uns abgesteckten Grenzen.
- Unbeschreibbarkeit. Meditierende schildern ihre Erfahrungen zwar ausführlich, betonen aber gleichzeitig die Schwierigkeit, die besondere Qualität der Erfahrung sprachlich zu vermitteln.
- Flüchtigkeit. Diese Art Erfahrungen dauern meist nur einige Minuten bis Stunden, sind also eher von kurzer Dauer.
- Außerhalb willentlicher Kontrolle. Die Erfahrungen setzen Absichtslosigkeit voraus und treten in der Regel „einfach so“ plötzlich und unerwartet auf.

Dafür lohnt es sich doch, weiter zu praktizieren, oder was meinen Sie?

Denn die durch Meditation ermöglichten mystischen Erfahrungen eröffnen uns eine grundlegend neue Perspektive auf die Welt und die eigene Person und nehmen damit positiven Einfluss auf unser Verhältnis zu uns selbst und zu dem, was uns umgibt.

Nur: Wenn diese mystischen Erfahrungen außerhalb meiner Kontrolle liegen und einfach so passieren, dann kann es doch keinen Weg dorthin geben, den man Schritt für Schritt gehen könnte?

Sie haben recht, das scheint paradox, und das ist es auch. Aber auch wenn sich mystische Erfahrungen nicht erzwingen lassen, können Sie immerhin günstige Voraussetzungen herstellen, um die Chancen für deren Auftreten zu erhöhen.

So schaffen Sie günstige Voraussetzungen für mystische Erfahrungen:

- Öffnen Sie sich ganz dem, was gerade ist, das heißt auch: Verfolgen Sie eben keine Absichten, keine Ziele, keine Hoffnungen und keine Erwartungen und bringen Sie alle Denkprozesse zur Ruhe.
- Dies gelingt, indem Sie zum reinen Beobachter Ihrer Innenwelt werden und einfach nur zuschauen, was passiert, ohne einzugreifen: Sie bleiben am Ufer.
- Von dort aus schauen Sie mit Distanz auf Ihr Leben und hinterfragen Ihre Sicht auf sich selbst, Ihre Ansichten und Ihr Verhalten.
- Damit bekommen Sie einen tiefen Einblick in Ihren Motor und seine Stromzufuhr und verlassen den Robotermodus, der Sie in Ihrer Wahrnehmung einschränkt. Denn im Robotermodus haben Sie statt der Gesamtsituation immer nur einzelne Aspekte im Blick, und dieses eingeschränkte Blickfeld lässt sie die meisten Handlungen vollautomatisch ausführen, ohne Ihnen eine Wahl zu lassen.

Vielleicht fragen Sie sich gerade: Wie soll das denn gehen? In meinem hektischen Alltag und bei dem ständigen Termindruck finde ich doch für so was keine Ruhe! Woher soll ich die Zeit nehmen? Und wie soll ich meine Zielvorgaben erreichen, ohne planend in die Zukunft zu denken und aktiv steuernd einzugreifen? Da vertrödel ich ja mein ganzes Leben und verpasse sämtliche Karrierechancen. Wie soll ich meine Mitarbeiter dazu bringen, ihre Arbeit zu tun, ohne dass ich etwas von ihnen verlange? Oder: Was? Ich soll mich einfach so allem überlassen und mir alles gefallen lassen?

Das sind sehr berechtigte Fragen und Bedenken. Lassen Sie uns jetzt schauen, wie „Sein statt tun“ im (Arbeits-)Alltag funktioniert.

Masterübung 3-1: De-Automatisierung

Mit „Sein statt tun" ist im Grunde das gemeint, was Yogis „Erleuchtung" nennen. In Alltagssprache übersetzt kann man es auch „vollkommene Konzentration" nennen: die Konzentration auf das, was im Hier und Jetzt geschieht, ohne Gedanken an Vergangenheit oder Zukunft, verbunden mit sich selbst und der Welt. Wir sind dann nicht im „Robotermodus", in dem wir alle Handlungen vollautomatisch und damit weitgehend unbewusst ausführen, sondern gehen völlig in der Sache auf.

Selbstverständlich können und sollen Sie weiter planen, steuern und managen. Nur: Wenn Sie etwas tun, dann tun Sie es ganz! Üben Sie sich darin, in allen Situationen des täglichen Lebens ganz präsent zu sein. Üben Sie sich also im Gegenteil von Multitasking.

Denn: Multitasking ist ein dicker fetter Pflasterstein auf dem Weg in die Hölle der psychischen Erschöpfung und kostet Sie auf Dauer alles: Ihr Glück, Ihre Zufriedenheit, Ihre innere Kraft und Ihre Gesundheit. Multitasking lässt Sie mit letztlich ineffektivem Aktionismus das Hamsterrad immer schneller drehen und trotz des angestrengten Bemühens, möglichst viel gleichzeitig zu erledigen, werden die dabei produzierten Ergebnisse immer schlechter. Und Ihre Laune ebenfalls.

Wenn Sie mit einem Mitarbeiter sprechen, tun Sie für den Zeitraum des Gesprächs nur das. Kein Telefonat annehmen, keine Mail „schnell zwischendurch" versenden, nicht an das Meeting am Nachmittag denken. Bleiben Sie mit Ihrer Konzentration NUR beim Gespräch. Wenn Sie essen, dann tun Sie nichts anderes. Also nicht gleichzeitig Unterlagen sortieren und darüber nachdenken, was sonst noch alles zu erledigen ist. Erledigen Sie Ihre Aufgaben so bewusst wie möglich und nehmen Sie mit allen Sinnen wahr, was Sie gerade tun.

Sie werden umso mehr inneren Frieden und Leichtigkeit empfinden, je mehr Sie lernen, mit voller Achtsamkeit jeweils nur eine Sache zu tun, wenn auch viele Sachen in schneller Abfolge hintereinander. Die ausschließliche Aufmerksamkeit auf das, was jetzt gerade passiert, befähigt

Sie dazu, auch die kleinen Glücksperlen zu registrieren, die schönen Aspekte des Lebens intensiver wahrzunehmen und jeden einzelnen kostbaren Augenblick des Lebens voll zu würdigen.

Varianten

- Bewusstheit im Alltag
  Es braucht schon einiges an Übung, um mitten im Arbeitsalltag die Achtsamkeit auf das eigene Tun zu erhalten und sich dabei nicht versehentlich plötzlich im Robotermodus wiederzufinden. Als hilfreichen Zwischenschritt können Sie auch erst einmal die Bewusstheit für einfache Alltagshandlungen wie Treppensteigen, Essen, Duschen oder Kochen steigern, indem Sie diese üblicherweise stark automatisierten Handlungen verlangsamt ausführen und Ihre gesamte Aufmerksamkeit auf jeden einzelnen Teil dessen, was Sie gerade tun, richten: Wie fühlen sich Ihre Füße beim Treppengehen an? Welcher Teil trifft zuerst am Boden auf? Wie riecht das Essen? An welcher Stelle im Mund schmecken Sie es am intensivsten?

Nutzen Sie auf diese Weise über den Tag verteilt immer wieder einmal die Gelegenheit, Achtsamkeit in Ihr Leben zu integrieren, damit es nach und nach zu einer kontinuierlichen Meditation wird und die formellen Meditationsübungen schließlich nur noch dazu dienen, die Fähigkeit zur Achtsamkeit zu intensivieren, um die Kompetenzen leichter weiterentwickeln zu können. Denn schließlich ist Meditation kein Selbstzweck, sondern soll Sie dabei unterstützen, Ihren Alltag besser zu meistern, und das gelingt am besten, wenn Sie den Alltag als Übungsfeld einbeziehen.

- Anders als sonst
  Die automatisierten Routinen im Robotermodus können Sie auch unterbrechen, indem Sie etwas anders machen als sonst. Wenn Sie beispielsweise Ihre Zähne mal mit der anderen Hand putzen, einen anderen Weg zur Arbeit wählen als sonst oder Ihren Kaffee als Rechtshänder mit der linken Hand einschenken, erhöht sich ganz von selbst Ihre Aufmerksamkeit auf das, was Sie gerade tun.

Masterübung 3-2: Wohlwollende Verbundenheit mit sich selbst

Wenn wir positive Gefühle kultivieren und mehr Glücksperlen finden möchten, ist der erste Schritt dahin, dass wir eine wohlwollende Haltung uns selbst gegenüber einnehmen und damit die Resilienzfaktoren „Selbstliebe" und „Verbundenheit" stärken.

Viel zu viele Menschen tragen Verachtung oder gar Hass sich selbst gegenüber in sich. Sie wünschen sich anders zu sein, als sie sind, und nehmen es sich übel, dass sie ihrem Wunschbild nicht entsprechen. Wie sieht das bei Ihnen aus? Wie sehr mögen Sie sich? Können Sie sich so akzeptieren, wie Sie sind? Wie sehr fühlen Sie sich in sich selbst gut aufgehoben und zu Hause?

Häufig ist es uns nicht bewusst, dass unsere Unzufriedenheit mit den Umständen ihre Wurzel darin hat, dass wir eigentlich mit uns selbst unzufrieden sind, und das klemmt unserem Motor den Strom ab.

Umgekehrt gilt die einfache Formel: Je zufriedener wir mit uns selbst sind und je mehr wir uns mögen, umso zufriedener sind wir mit den Umständen. Selbst wenn die nicht so pralle sind.

Außerdem gilt: Man kann lernen, sich selbst zu mögen. Auch wenn man nicht jederzeit alles richtig macht und menschliche Fehler hat:

1. Beginnen Sie zu meditieren und konzentrieren Sie sich einige Momente auf Ihren Atem, bis Sie sich etwas gesammelt haben.
2. Lassen Sie in sich ein liebevolles Gefühl entstehen, indem Sie an eine Person denken, bei der Ihnen das Herz aufgeht. Wenn Ihnen niemand einfällt, dann holen Sie sich das Bild einer Mutter vor Ihr geistiges Auge, die ihr Kind liebevoll ansieht. Falls Sie eine besonders enge Beziehung zu einem Haustier haben, geht auch das.
3. Konzentrieren Sie sich auf das Gefühl, das in Ihnen entsteht, wenn Sie sich das Gesicht, die Haltung oder eine freundliche Geste dieser Person bildhaft vorstellen, und das sich vielleicht in einem inneren Lächeln ausdrückt.

4. Beobachten Sie, wie sich dieses Gefühl in Ihrem ganzen Körper ausbreitet, und lassen Sie es durch Ihre Vorstellungskraft wachsen. Das gelingt manchmal leichter, indem Sie auch beobachten, wo in Ihrem Körper das Gefühl entspringt. In der Herzgegend? Im Bauch? Welchen Weg nimmt es durch Ihren Körper? Probieren Sie aus, ob Sie das Gefühl steigern können, indem Sie innerlich den Namen der Person nennen.
5. Lenken Sie dieses Gefühl jetzt auf sich selbst und schauen Sie mit liebevollem Mitgefühl auf Ihre Kämpfe und Sorgen.
6. Stellen Sie sich dabei vor, Sie wären sich selbst ein weiser Lehrer, der Ihre Schwächen mit Verständnis, Mitgefühl, Geduld und Humor betrachtet. Oder eine Mutter/ein Vater, der seinem Kind seine Ungereimtheiten, Fehltritte und Schwierigkeiten verzeiht und es freundlich an die Hand nimmt, um ihm weiterzuhelfen.
7. Bleiben Sie noch eine Weile einfach sitzen und versuchen Sie das Gefühl von liebevoller Zuwendung sich selbst gegenüber noch einen Moment zu erhalten.

Menschen, deren Unzufriedenheit mit sich selbst sehr groß ist, fällt diese Übung üblicherweise zunächst recht schwer – der innere Selbsthass geht quasi auf die Barrikaden und versucht ihnen klarzumachen, dass es einfach nicht allzu viel Grund für eine wohlwollende Betrachtungsweise gibt. Dann gilt: Nicht alles glauben, was man denkt! Nicht aufgeben! Weitermachen! Es ist Übungssache, ein liebevolles Gefühl sich selbst gegenüber zu entwickeln, und es braucht eine gewisse Hartnäckigkeit, die Innenwelt zu überzeugen und den Strom wieder fließen zu lassen.

Masterübung 3-3: Wohlwollende Verbundenheit mit anderen und der Welt

Zuvor haben Sie am Wohlwollen und der Akzeptanz sich selbst gegenüber gearbeitet, denn das ist die Voraussetzung dafür, auch anderen Menschen und allen Umständen gegenüber eine wohlwollende Haltung einnehmen zu können. Wenn es Dinge gibt, die wir an uns selbst nicht mögen oder gar verabscheuen, ist es fast unmöglich, diese oder ähnliche Dinge bei anderen zu akzeptieren. Und wenn wir mit uns unzufrieden sind, machen uns auch die Umstände unzufrieden.

Versuchen Sie Folgendes:

1. bis 4.: Die ersten 4 Schritte sind die gleichen wie in der vorherigen Übung.
5. Nachdem Sie ein liebevolles Gefühl in sich haben entstehen lassen, richten Sie es dieses Mal auf weitere Menschen aus, die Ihnen nahestehen. Rufen Sie dazu Bilder der Personen in sich wach und Erinnerungen an positive Erlebnisse, in denen sich Ihre liebevolle Verbundenheit zeigt. Stellen Sie sich das unsichtbare Netz, das Sie mit diesen Menschen verbindet, bildlich vor.
6. Verteilen Sie Ihr Mitgefühl und Ihre Liebe über dieses Netz an alle Menschen darin. Stellen Sie sich dazu vor, wie sich das anfühlen könnte: Wie ein warmer Strom von Energie? Wie Sonnenstrahlen? Hat Ihr Gefühl in Ihrer Vorstellung vielleicht eine Farbe oder einen Klang?
7. Versuchen Sie in dieses Netz Ihrer liebevollen Verbindungen nach und nach erst auch Menschen aufzunehmen, denen Sie neutral gegenüberstehen, die Ihnen gleichgültig sind oder die Sie gar nicht kennen, und versuchen Sie auch diesem Personenkreis ein Gefühl von liebevoller Güte über das Netz zu senden.
8. Schließlich beziehen Sie auch diejenigen ein, deren Ansichten Sie nicht teilen, die Sie nicht mögen und die, mit denen Sie im Clinch sind.

Höre ich Sie gerade denken „Jetzt schlägt´s aber 13! Ich soll Menschen lieben, die mir eigentlich auf die Nerven gehen?" Sie sollen gar nichts. Sie können es ausprobieren, wenn Sie mögen. Einen Versuch ist es aus folgenden drei Gründen wert:

- **Je mehr wir andere akzeptieren, umso mehr akzeptieren wir uns selbst!**
  In gleichem Maß, in dem wir lernen, Feindseligkeit und Vorurteile anderen gegenüber zu überwinden, wird es uns auch unseren eigenen ungeliebten Anteilen gegenüber möglich sein, diese zu akzeptieren. Dabei hilft es, den Mensch hinter der Fassade zu sehen und sich klarzumachen, dass er wie alle Menschen kämpft und leidet und wie jeder von uns Teil hat an den Sorgen des menschlichen Lebens. Er geht nur möglicherweise anders damit um als wir und erscheint uns deshalb fremd und damit bedrohlich. Das ist der Umkehrschluss aus dem,

was ich weiter oben dargelegt habe: Je mehr ich mich selbst mag, umso mehr mag ich alles um mich herum. Ich kann dann sogar mit Mitgefühl auf meine Feinde schauen.

- **Negative Gefühle sperren uns in ein selbst gemachtes Gefängnis**
  Kennen Sie die Geschichte von den beiden ehemaligen Kriegsgefangenen? Sie treffen sich und der eine fragt den anderen: „Hast du deinen Wächtern inzwischen verziehen?" Der andere antwortet: „Nein, und das werde ich auch niemals tun!" Da schaut ihn der erste nachdenklich an und sagt: „Nun, dann sitzt du ja immer noch in ihrem Gefängnis, nicht wahr?"

Natürlich werden Sie nicht aus dem Stand heraus einen „Feind" plötzlich lieben und ihm vergeben. Deshalb ist es ja auch eine „Masterübung"! Vielleicht müssen Sie 30- oder 300-Mal die obige Übung durchführen, bis sich ein erstes echtes Gefühl von Güte und Vergebung bei Ihnen einstellt. Auf dem Weg dahin werden Sie möglicherweise zum ersten Mal registrieren, wie viel Wut Sie mit sich herumtragen. Und diese Emotion höhlt wie alle negativen Emotionen Ihre Kraft von innen heraus aus, kostet Sie viel Energie und bringt Ihnen null Ergebnis.

Sie tun mit Ihrem Bemühen, auch die derzeit weniger geschätzten Zeitgenossen mit freundlichen Gefühlen zu bedenken, also vor allem etwas für sich selbst. Vielleicht beruhigt es Sie, dass es nicht darum geht, dass Sie alles gutheißen, was diejenigen Menschen tun, bei denen es Ihnen schwerfällt, Mitgefühl und Güte für sie zu entwickeln. Es geht vielmehr um emotionale Offenheit und darum, auf diesem Weg Negatives hinter sich zu lassen, um wirklich frei zu sein. Geben Sie niemandem die Macht, Ihre Emotionen dauerhaft dunkel zu färben!

- **Konflikte werden minimiert**
  Konflikte und Machtkämpfe reduzieren sich auf ein Mindestmaß. Das Ergebnis: mehr Energie zur Umsetzung Ihrer Ziele, weniger Verschleiß Ihrer inneren Kraft für aufreibende Auseinandersetzungen. Probieren Sie es aus: Wenn Sie auch nur in Gedanken einem Kontrahenten gegenüber ein leidlich warmes Gefühl entwickeln, wird sich ganz ohne weiteres Zutun jeder Konflikt deutlich abmildern oder sogar auflösen.

Masterübung 3-4: Alle Bewusstseinsebenen verbinden

Das hier ist der Master der Masterübungen. Sie schafft die beste Voraussetzung dafür, „Sein statt tun" inklusive mystischer Erfahrungen – also ein ganzheitliches Seinsgefühl – zu erleben und weitere Glücksperlen zu finden. Sie ist im Grunde einfach (aber nicht leicht ...): Sie verbinden die Kompetenzen, die Sie zuvor einzeln geübt haben, jetzt schrittweise miteinander, bis Sie schließlich alles gleichzeitig wahrnehmen können und die Unterscheidung in einzelne Kompetenzen keine Rolle mehr spielt.

- Nutzen Sie die Fähigkeit aus der ersten Basiskompetenz „Die Aufmerksamkeit auf ein gewähltes Objekt halten" und fokussieren Sie mit Ihrer Wahrnehmung auf Ihren Atem.
- Gehen Sie fließend in die Fähigkeit aus der zweiten Basiskompetenz „Empfindungen differenziert wahrnehmen" über und begrenzen Sie Ihren Aufmerksamkeitsfokus auf das Gefühl Ihres Atems und aller Empfindungen in dem kleinen Dreieck unterhalb Ihrer Nasenlöcher und oberhalb der Oberlippe.
- Nutzen Sie die dritte und vierte Basiskompetenz „Den Zustand innerer Ruhe herstellen" und „Gedankenaktivität eindämmen und beruhigen", falls noch nötig.
- Richten Sie Ihre Aufmerksamkeit jetzt auf Ihren Körper und Ihre Emotionen, wie Sie es in der ersten Masterkompetenz „Emotionen beobachten ohne Reaktion" geübt haben.
- Versuchen Sie jetzt gleichzeitig sowohl Ihren Körper als auch Ihre Atemempfindungen wahrzunehmen. Dazu wechseln Sie bei Bedarf mehrmals zwischen dem eng gestellten Fokus, um Ihre Empfindungen differenziert wahrzunehmen, und einem weit gestellten Fokus, um Ihre Aufmerksamkeit zu weiten, bis es Ihnen schließlich gelingt, eine Zeit lang bei der umfassenderen Aufmerksamkeit zu bleiben.
- Danach nehmen Sie die zweite Masterkompetenz „Gedanken wahrnehmen ohne Reaktion" dazu und weiten dazu Ihre Aufmerksamkeit, dass Sie jetzt alles gleichzeitig wahrnehmen können: Ihren Atem, Ihre Körperempfindungen, Ihre Emotionen und Ihre Gedanken.

Dabei werden Sie sich immer wieder in wohlwollender Verbundenheit mit den Übungen zuvor üben müssen, denn es wird nicht gleich, und wenn, dann nur für kurze Zeit, gelingen. Denken Sie daran: Bleiben Sie offen, geduldig, absichtslos, bewerten und verurteilen Sie Ihre Fortschritte nicht. Machen Sie einfach weiter; wenn Sie spüren, dass Sie frustriert aufgeben wollen, kehren Sie an das Ufer des Flusses zurück und beginnen Sie wieder von vorne. Denn: Jeder Versuch, jeder noch so kleine Schritt bringt Sie voran!

EXKURS: Warum es so schwerfällt, die Aufmerksamkeit zu fokussieren – der Default-Modus

Das Gehirn kennt keine Pause. Es arbeitet immer. Manchmal aber fundamental anders als sonst. Während Ihrer Versuche, sich in den Übungen voll auf Ihren Atem zu konzentrieren, werden Sie immer wieder erleben, dass eine ganze Flut von Gedanken in Ihnen auftaucht: Erinnerungen, Pläne für die Zukunft, wilde Assoziationen, Vorstellungen, Fantasien. Und schon ist es passiert, Sie driften ab und verlieren sich in Tagträumen. Warum ist das eigentlich so?

Erst seit jüngster Vergangenheit beschäftigt sich die Wissenschaft mit der Frage, warum unser Geist so sprunghaft und rastlos ist. Die Antwort: Weil unser Gehirn auf den Default-Modus umschaltet, wenn wir zur Ruhe kommen. Dann schweifen die Gedanken leicht ab und die Konzentration geht verloren, etwa beim Lesen eines Buches. Unsere Augen „kleben" dann zwar an den Zeilen, nicht aber unsere Konzentration. Und am Ende einer Seite fragen wir uns: Was war eigentlich der Inhalt?

Unser Gehirn ist auch in Pausen aktiv

Entdeckt wurde dieser Modus 2001 von der Neuro-Legende Marcus Raichle von der Washington University in St. Louis (USA). Er verfolgte mithilfe der Magnetresonanztomografie, welche Hirnareale bei bestimmten Aufgaben aktiviert werden. Die Probanden, die bei seinen Studien einmal gerade nichts zu tun hatten, aber immer noch im Scanner lagen, begannen zu tagträumen – und dabei fiel Raichle auf, dass das Gehirn dann nicht insgesamt weniger aktiv war, sondern dass im Gegenteil eine bestimmte Region, nämlich das Default-Modus-Netzwerk, gerade dann eine deutlich höhere Hirnaktivität zeigte.

Immer wenn wir uns mit uns selbst beschäftigen, wenn uns eine Situation nur Routinehandlungen abverlangt und wir keine konkrete Aufgabe zu lösen haben – also immer wenn wir noch geistige Ressourcen übrig haben, dann wird der Default-Modus aktiviert und das Hirn nutzt die aktuell nicht abgefragten geistigen Kapazitäten zur Beschäftigung mit uns selbst.

Wenn also das Gehirn Zeit und Kapazitäten hat, sortiert es um, kodiert und verbindet neu, speichert, reflektiert Erinnerungen und Bewertungen und wertet erlebte Situationen aus. Im Default-Modus werden Haltungen und Standpunkte überprüft und festgelegt, auf nächste Aufgaben vorbereitet, mögliche Handlungsalternativen durchgespielt und das eigene Selbst auf den Prüfstand gestellt.

Tagträumen für ein Heureka
Man vermutet, dass dieses „Gedanken-schweifen-Lassen" wichtig für die Identitätsbildung und die Ausbildung eines kontinuierlichen Ichs ist.

Der Psychologe Johann Beran aus Wien beschreibt den Zustand des Default-Modus plastisch im DER STANDARD vom 29. März 2014 als „Germteigtechnik": „Germteig geht bekanntermaßen dann am besten auf, wenn wir ihn zudecken und ruhen lassen. Unser Gehirn ist da ähnlich konzipiert. In der Ruhephase können Informationen vorsortiert und damit leichter verarbeitet werden. Diese Pausen führen also nicht zum Faulenzen, sondern zum besseren Strukturieren. Und dadurch reduziert sich der Spannungsgrad, und unser

Gehirn kann wieder klarer denken. Kreative Ergebnisse lassen sich ja nicht unter Druck erzeugen, sondern oft in solchen Ruhephasen, wo der Autopilot ungestört rechnen kann."

Vielleicht kommt uns deshalb so manches „Heureka" gerade dann in den Sinn, wenn das Gehirn nichts anderes zu tun hat, als sich ziellos selbst zu beschäftigen – unter der Dusche, beim Rasenmähen, beim Geschirrabtrocknen ...

Tagträumen: Wichtige Funktion mit Kehrseite

Wenn unsere Gedanken wandern, hat dies also eine wichtige Funktion. Kein Wunder, dass wir sehr viel Zeit mit Tagträumen verbringen. Fast die Hälfte ihrer Zeit verbringen viele Menschen damit! Diese „Innen-Beschäftigung" hat allerdings auch ihre Kehrseite: „Der Inhalt der Tagträumerei bestimmt, ob die Tagträumerei dem Wohlbefinden eines Menschen nutzt oder nicht", sagt der Neurowissenschaftler Jonathan Smallwood von der University of York. Und eine von Raichles Studien hat gezeigt, dass sich Depressionen dadurch auszeichnen, dass das Default-Modus-Netzwerk nicht herunterreguliert werden kann. Wenn die Gedanken wie eine hängen gebliebene Schallplatte immer wieder ums eigene Ich kreisen und uns in eine Art Selbstreflexionsmühle zwingen, verschleißt dies Kraft und macht unglücklich.

Darüber hinaus spielt auch der Kontext eine Rolle: Wenn Sie sich bei einer Aufgabe konzentrieren müssen, um sie gut zu erledigen, wirkt jedes Abschweifen von der eigentlichen Beschäftigung kontraproduktiv.

Meditation hemmt Tagträumerei

Während wir unsere gesamte Aufmerksamkeit in der Achtsamkeitsmeditation auf den gegenwärtigen Moment richten, unterbinden wir die Aktivität des Default-Modus. Dies konnte in mehreren Studien nachgewiesen werden. Dr. Ott von der Universität Gießen beispielsweise stellte fest, dass erfahrene Meditierende die Aktivität im Default-Modus-Netzwerk während der Atemachtsamkeit senken können. Laut dem Psychiater Judson Brewer von der Yale University sind erfahrene Meditierende fokussierter, ihre Gedanken wandern nicht mehr so oft ziellos umher. Für Meditierende ist „mehr gegenwartsbezogene Aufmerksamkeit" ein Normalzustand: Sie haben weniger selbstbezogene Gedanken, die sonst immer wieder die Konzentration auf das Hier und Jetzt unterbrechen.

Also auf geht´s: Weiterüben!

Entwicklungsschritte in der Achtsamkeitspraxis

Wenn Sie sich in Achtsamkeit üben, werden Sie Fortschritte machen. Aber woran können Sie festmachen, ob Sie auf dem richtigen Weg sind? Trägt der achtsame Umgang mit sich und der Situation schon Früchte?

Sind Sie auf dem richtigen Weg?

Die folgenden Fragen werden von Menschen mit Erfahrung in der Achtsamkeitspraxis häufiger mit Ja beantwortet als von denen mit wenig oder keiner Erfahrung. Sie mögen Ihnen als Hinweis für Ihr Fortkommen dienen. Und bitte denken Sie daran: Verurteilen Sie sich nicht, wenn Sie nicht alle Punkte zu jeder Zeit mit einem eindeutigen Ja unterschreiben können. Das kann nicht einmal ein buddhistischer Mönch mit lebenslanger Meditationspraxis! Machen Sie sich nicht selbst noch zusätzlich Stress, indem Sie der perfekt achtsame Mensch werden wollen!

Es ist übrigens wirklich hilfreich, sich gerade in der Anfangszeit Unterstützung in einer entsprechenden Gruppe oder bei einem Lehrer zu holen, um am Ball zu bleiben.

Checkliste

- Ich bemerke Veränderungen in meinem Körper, wenn sie eintreten. ☐ Ja ☐ Nein
- Ich kann gut in Worte fassen, was ich fühle. ☐ Ja ☐ Nein
- Ich verliere mich nicht in Tagträumen und Grübeleien. ☐ Ja ☐ Nein
- Ich kritisiere mich selten. ☐ Ja ☐ Nein
- Ich knabbere nur selten irgendwelches Zeug, ohne mir bewusst zu sein, was ich da gerade esse. ☐ Ja ☐ Nein
- Es kommt nicht oder nur sehr selten vor, dass ich irgendwo bin und nicht mehr weiß, wie ich dahin gekommen bin oder was ich dort wollte. ☐ Ja ☐ Nein
- Ich bin selten so gedankenverloren, dass ich nicht bemerke, was um mich herum geschieht. ☐ Ja ☐ Nein
- Ich nehme den Geruch und den Geschmack von Lebensmitteln sehr deutlich wahr. ☐ Ja ☐ Nein
- Auch in schwierigen Zeiten erlebe ich Augenblicke inneren Friedens. ☐ Ja ☐ Nein
- Ich habe Geduld mit mir und anderen. ☐ Ja ☐ Nein
- Manchmal merke ich, wie ich mir selbst das Leben schwermache, und dann kann ich darüber schmunzeln. ☐ Ja ☐ Nein
- Ich kann meine Gefühle wahrnehmen und beobachten, ohne in ihnen „hängen" zu bleiben. ☐ Ja ☐ Nein
- Ich kann unangenehme Gefühle oft aushalten, ohne ihnen auszuweichen. ☐ Ja ☐ Nein
- Es kommt selten vor, dass die Zeit einfach so verrinnt, ohne dass ich bei der Sache bin. ☐ Ja ☐ Nein
- Ich bin meistens ganz und gar „da" und mit meiner vollen Aufmerksamkeit bei dem, was ich gerade mache. ☐ Ja ☐ Nein

(Angelehnt an Matthias Wengeroth, Das Leben annehmen, S. 155f.)

Grundsätzlich werden Sie mit fortschreitender Achtsamkeitspraxis folgende Entwicklungsstufen durchlaufen:

1. Sie bemerken immer schneller, dass Ihre Aufmerksamkeit abgedriftet ist, nachdem Ihnen das zunächst einmal nicht auffällt.
2. Sie können die Aufmerksamkeit immer länger erhalten und sich besser konzentrieren.
3. Der innere Gedankenstrom wird ruhiger.
4. Statt sich von Gedanken oder Gefühlen mitnehmen zu lassen, nehmen Sie die Rolle eines Beobachters ein: Sie denken noch nicht nichts, aber Sie nehmen eine Metaposition ein und denken darüber nach, was Sie gerade denken. Das ist schon ein ganzer Schritt weiter.
5. Sie erleben zunehmend längere Phasen von Gedankenstille.
6. Sie entwickeln immer mehr positive Gefühle sich selbst und Ihrem Umfeld gegenüber.
7. Sie gewinnen immer mehr Freiheit und Selbstbestimmtheit. Sie lassen sich immer weniger durch Reize aus Ihrem äußeren Umfeld steuern.
8. Sie können sich schließlich in jeder Lebenslage selbst regulieren und übernehmen den „Vorsitz" in Ihrem Innenleben. Während des gesamten Prozesses haben Sie sich sehr gut kennengelernt und erleben eine Form von Selbsterkenntnis, die fundamental tiefgreifender ist als die auf Basis eines „normalen" Denkprozesses.

Kraftnuggets „to go" für die Extraportion innere Kraft

Grundsätzlich können Sie Achtsamkeit immer und überall praktizieren, jede Tätigkeit, die Sie sowieso ausführen, ist dafür geeignet. Essen, Duschen, Gehen, Autofahren, ganz gleich, was Sie tun, Sie können es achtsam tun, also mit voller Aufmerksamkeit bei der Sache ohne ablenkende Gedanken an irgendetwas anderes.

Durch die Übungen zu den Basis- und Masterkompetenzen sind Sie darin geschult, auch bei alltäglichen Verrichtungen zu registrieren, wenn Sie mit Ihrer Aufmerksamkeit abdriften, und den Fokus dann bewusst wieder auf die beabsichtigte Handlung auszurichten. Allerdings ist das Risiko recht groß, gerade in den längst automatisierten Alltagshandlungen mit der Konzentration abzudriften, da unserem Hirn dabei genügend Ressourcen übrig bleiben, um zu tagträumen. Deshalb hier noch 11 „to go“-Übungen und Inspirationen für den Alltag, die zwar nur wenig oder keine Zusatzzeit benötigen, aber die Aufmerksamkeit stärker als Alltagshandlungen auf sich ziehen, Sie dabei unterstützen, sich selbst deutlich zu spüren, und Ihnen dadurch Achtsamkeit und die Verbindung mit Ihrer inneren Kraft erleichtern.

---

1. Übung to go: „Was ist JETZT?“

Wenn wir in Grübeleien und im Gefühlswirrwarr feststecken, sind wir mit unserer Aufmerksamkeit in den Untiefen unserer Innenwelt und bemerken oft nicht mehr viel von unserer Umwelt. Wir gehen von A nach B mit hängendem Kopf, die Augen defokussiert im Nirgendwo.

Um aus diesem Zustand schnell und effektiv herauszukommen, heben Sie bewusst den Kopf, schauen sich um und fokussieren auf die Dinge in Ihrer Umgebung, die Sie sehen, riechen oder hören können. Benennen Sie die Dinge, die Sie eindeutig wahrnehmen können: „Da fliegt ein Vogel“, „Da drüben sitzen drei Menschen auf einer Bank“, „Der frisch geputzte Boden riecht nach Zitrone“.

Wenn Sie Ihre Aufmerksamkeit auf eindeutige Sinneswahrnehmungen richten, ist Ihr Gehirn nicht in der Lage, gleichzeitig zu grübeln, zu trauern oder was auch immer sonst. Sie holen sich damit ins „Jetzt“ und unterbrechen auf diese Weise Gedanken und Gefühlsschleifen.
Sie können als Variante dieser Technik auch bewusst an etwas stark Riechendem schnüffeln, das alles andere für einen Moment überlagert. Mein Favorit: schwarzer Pfeffer, frisch gemahlen. Oder Sie trinken einige Schlucke von etwas Kaltem, essen etwas Scharfes, beispielsweise ein Pfefferminzkaugummi oder ein Stück einer Chilischote. Probieren Sie es aus, Sie werden sehen, es funktioniert.

---

2. Übung to go: „Zungenfokus"

Wenn es Ihnen schwerfällt, sich zu konzentrieren, wenn Sie müde sind und Sie sich nur schlecht zum Durchhalten einer wie auch immer gearteten Tätigkeit motivieren können, probieren Sie einmal aus, während Ihres Tuns die Spitze Ihrer Zunge an den oberen Gaumen zu legen. Das bündelt Ihren Fokus und Sie können damit noch einmal frische Kraft tanken. Funktioniert immer – außer während Sie sprechen müssen.

3. Übung to go: „Lächeln inside"

Wenn Sie Ihre Stimmung verbessern möchten, lassen Sie bewusst ein Lächeln in sich entstehen. Das geht so: Lenken Sie Ihre gedankliche Aufmerksamkeit auf eine kürzlich erlebte Situation, die Sie glücklich gemacht hat, oder auf einen Menschen, der in Ihnen die Sonne aufgehen lässt. Es kann auch ein geliebtes Haustier sein. Lassen Sie so viele Details wie gerade möglich vor Ihrem inneren Auge entstehen. Achten Sie dabei auf das Gefühl in Ihrem Körper, wenn innerlich ein auch noch so kleines Lächeln aufsteigt. Richten Sie Ihren Fokus auf das Gefühl, wie Sie sich dabei emotional öffnen und Ihre Stimmung heller wird. Wenn das Lächeln bis in Ihr Gesicht steigen mag, bitte gern :-).

4. Übung to go: „Aufzug nach innen"

Zum Auftakt einer Meditationssitzung oder im Alltag während einer kurzen Wartezeit können Sie diesen „Minibodyscan" gut nutzen, um sich wieder mit sich selbst zu verbinden und eine gute Basis zu schaffen, bei sich anzukommen, wenn Sie unruhig sind. Sie können sowohl im Sitzen als auch im Stehen, Gehen oder Liegen „Aufzug fahren".

Dazu schließen Sie die Augen oder schauen, falls das in der jeweiligen Situation nicht passend ist, defokussiert auf den Boden ca. einen halben Meter vor sich.

Der „Aufzug" hat 4 Stationen:

1. Nehmen Sie Ihre Fußsohlen wahr. Beobachten Sie von innen heraus, wie Ihre Füße Kontakt zum Boden und Ihren Schuhen haben, welche Stellen Sie mehr oder weniger wahrnehmen, und konturieren Sie gedanklich Ihre einzelnen Zehen. Um diese besser spüren zu können, können Sie sie leicht bewegen.
2. Fahren Sie mit Ihrer Wahrnehmung aufwärts und verorten Sie einen Punkt oberhalb oder unterhalb Ihres Bauchnabels auf der Oberfläche Ihrer Haut oder eher im Inneren Ihres Bauches, der für Sie Ihre innere Mitte repräsentiert.
3. Gehen Sie mit Ihrer Aufmerksamkeit zu Ihrer Nase und dem Gefühl des Atems am Naseneingang.
4. Wechseln Sie zu dem Punkt an Ihrem Hinterkopf bzw. Scheitel, der Sie maximal gerade ausrichten würde, wenn Sie daran wie eine Marionette aufgehängt wären.

Verweilen Sie bei den ersten Versuchen bei jeder Station für einige Atemzüge. Dann versuchen Sie die einzelnen Stationen zu einer flüssigen „Fahrt" zu verbinden: Beim Einatmen streifen Sie nacheinander mit Ihrer Aufmerksamkeit die Fußsohlen, die Mitte, den Naseneingang und den Scheitelpunkt, beim Ausatmen fahren Sie abwärts, bis Sie wieder bei den Fußsohlen angekommen sind. Dazu nehmen Sie dann nur noch die Fußsohlen insgesamt in den Fokus, nicht mehr jeden einzelnen Zeh etc. Den meisten Menschen fällt die Übung zunächst im Sitzen oder Stehen am leichtesten, im Gehen ist sie am herausforderndsten. Beim Gehen nehmen Sie nur noch jeweils diejenige Fußsohle in den Aufmerksamkeitsfokus, die gerade am Boden ist. Dann geht es auch im Gehen leicht.

---

5. Übung to go: „Aufzug advanced"

Bald werden Sie Ihre „Lieblingsstation" entdecken, eine der 4 Stationen, die Sie am besten wahrnehmen können und die Ihnen einfach am sympathischsten ist. Versuchen Sie Ihre Aufmerksamkeit auf dieser Station zu halten und gleichzeitig Kontakt mit Ihrer Umwelt aufzunehmen.

Steigern Sie nach und nach den Schwierigkeitsgrad: Zunächst einmal nur, indem Sie sich umschauen und die Gegenstände und Personen in Ihrem Umfeld registrieren, während Sie gleichzeitig Ihren Fokus auf Ihrer Station haben. Dann, indem Sie Augenkontakt mit einem Mitmenschen aufnehmen, im nächsten Schritt, während Sie jemandem zuhören, und schließlich auch, während Sie selbst sprechen.

Wenn Ihnen das gelingt, bauen Sie die Kompetenz, bei sich bleiben zu können, weiter aus, indem Sie während der Interaktion mit Menschen in Ihrem Umfeld alle Stationen „fahren", immer hoch und runter, verbunden mit Ihrem Atem.

Probieren Sie die Übungsschritte zunächst in unaufgeregten Interaktionen aus. Bald gelingt es Ihnen auch in emotional aufgeladenen Situationen, mit sich selbst verbunden zu bleiben. Ihr Nutzen: Sie geraten weniger leicht außer sich, behalten mehr Energie für sich und können aus diesem gesammelten Zustand heraus bessere Entscheidungen treffen und Ihr Tun frei wählen, statt nur im Robotermodus zu reagieren.

Die meisten Menschen berichten in meinen Seminaren nach diesen Übungsschritten, dass sie gesammelter und präziser zuhören können, und bekommen das Feedback, dass sie beim Sprechen auf diese Weise klarer, überzeugender und charismatischer wirken.

Versuchen Sie auch einmal, sich während einer Präsentation mit Ihrem favorisierten Punkt zu verbinden, also gleichzeitig während des Präsentierens einen oder mehrere Stationen wahrzunehmen. Bei meinen Vorträgen und Seminaren fokussiere ich meist auf meine Fußsohlen. Seitdem ich dies tue, habe ich am Ende des Tages spürbar mehr Energie übrig, und Lampenfieber gehört der Vergangenheit an.

6. Übung to go: „Walzertakt"

Diese Miniübung können Sie immer dann in Ihren Alltag einbauen, wenn Sie irgendwohin gehen: vom Arbeitsplatz zur Toilette, in die Kantine, zum Auto ... Sie ist gut geeignet, um zur Ruhe zu finden, wenn

Sie zu „hibbelig“ sind, um still zu sitzen. Beim Gehen halten Sie einen einfachen Rhythmus ein: Sie zählen bis 4, atmen dazu ein und gehen 4 Schritte. Bei der Ausatmung zählen Sie bis 5 und begleiten mit Ihrem Atem 5 Schritte. Dabei ergibt sich ein Rhythmus, der mich an einen Walzer erinnert: Bei jedem neuen Einatmen beginnen Sie Ihre Schritte mit dem jeweils anderen Fuß. Wenn Sie mit Ihrem Einatmen beim Zählen bis 4 an Ihre Grenzen kommen, können Sie es auch mit einer Zahl weniger versuchen; also bis 3 Einatmen, verbunden mit 3 Schritten, und bis 4 Ausatmen, wieder von 4 Schritten begleitet. Mit der Zeit wird sich Ihr Atemvolumen erweitern, dann können Sie mit höheren Zahlenwerten experimentieren, beispielsweise bis 5 Einatmen, bis 6 Ausatmen. Oder Sie vertiefen Ihren Ausatem um einen Zahlenwert mehr: bis 4 Einatmen und bis 6 oder gar 7 Ausatmen. Je vertiefter Ihr Ausatmen, umso stärker der Ruheeffekt. Gehen Sie dabei aber nicht über Ihre Grenzen. Nutzen Sie nur die Bandbreite, die Ihnen noch leichtfällt, und gehen Sie schrittweise vor.

Um noch stärker zu fokussieren und die Gedanken noch effektiver einzudämmen, können Sie diese Übung gleichzeitig zusätzlich mit „Aufzug fahren“ kombinieren. Dies gelingt erfahrungsgemäß am besten, wenn Sie bis „4“ einatmen: Sie beginnen dann das Einatmen in Kombination mit der Wahrnehmung Ihrer Fußsohlen und ve rbinden alle Stationen mit Ihrem Atem und Ihren Schritten bis zum Scheitel, beim Ausatmen fahren Sie wieder abwärts.

---

7. Übung to go: „Wenn das Handy einmal klingelt“

Lassen Sie sich von Ihrem Mobiltelefon daran erinnern, einmal kurz innezuhalten, Ihre Gedanken und Gefühlslage zu überprüfen, einige tiefe Atemzüge zu nehmen, 10 Atemzüge lang zu meditieren oder wie bei „Was ist JETZT?“ Ihre Umgebung bewusst wahrzunehmen.

Stellen Sie sich dazu den Wecker ein, je nach Umständen gegebenenfalls nicht mit einem Ton-, sondern nur mit einem Vibrationssignal. Probieren Sie aus, welche Zeiträume praktikabel für Sie sind: 4 x am Tag, jede Stunde, einmal am Vormittag, einmal abends ...

8. Übung to go: „Erden"

Wann sind Sie zum letzten Mal barfuß gegangen? Tun Sie es wieder einmal! Spüren Sie bewusst taufeuchtes Gras, sonnenwarmen Stein oder raues Holz unter Ihren nackten Füßen. Das holt Sie sofort in die Gegenwart!

9. Übung to go: „Glückliche Zehen"

Ich kenne eine Psychotherapeutin, die nachts mit sogenannten „Zehenspreizern" aus Schaumstoff schläft, die die Zehen auseinanderspreizen. Warum macht sie das? Sie weiß, was Sie auch gleich wissen werden: Wenn Menschen glücklich und zufrieden sind, spreizen sie automatisch die Zehen und bewegen sie genüsslich hin und her. Da unser Gehirn nicht zwischen Ursache und Wirkung unterscheiden kann, ist es ihm egal, ob sich Ihre Zehen spreizen, weil Sie glücklich sind, oder ob Sie glücklich sind, weil Sie bewusst Ihre Zehen spreizen. Wenn Sie Ihre Zehen spreizen und bewegen, „denkt" Ihr Gehirn: „Moment mal, die Zehen sind gespreizt, Frauchen (Herrchen) scheint glücklich zu sein, also jetzt mal schnell die entsprechenden Botenstoffe rausschicken." Und schon fühlen Sie sich tatsächlich glücklicher. Funktioniert auch mit einem breiten Grinsen: Wenn Sie Ihren Mund aktiv in eine Lächelposition bringen, werden nach 60 Sekunden die entsprechenden Botenstoffe ausgeschüttet und Sie fühlen sich besser, selbst wenn Ihnen überhaupt nicht zum Lächeln zumute war.

10. Übung to go: „Tierisch achtsam"

Ist Ihnen schon einmal aufgefallen, wie Tiere einen automatisch dazu bringen, ganz entspannt „im Hier und Jetzt" unterwegs zu sein? Ob Sie spielenden Hunden zusehen oder eine Katze bei der ausführlichen Körperpflege beobachten, ob Sie ein Tier streicheln, es füttern, mit ihm toben, ihm ein Kunststück beibringen oder mit ihm gemeinsam die Natur genießen, der Umgang mit Tieren entspannt nachweislich, senkt den

Blutdruck und lenkt unsere Aufmerksamkeit ins „Jetzt". Tiere sind gute Vorbilder für das, was wir in der Achtsamkeitspraxis lernen können: Sie machen sich keine Sorgen um morgen und hängen nicht am Gestern.

Mit ein Grund, warum ich ein Pferd und zwei Hunde habe, auch wenn es Zeit und Mühe kostet: Weil ich mir keine bessere Kraftquelle vorstellen kann. Aber keine Sorge: Sie müssen sich nicht gleich ein Tier anschaffen, um von dessen Auswirkung auf Ihre innere Ausgeglichenheit zu profitieren; gönnen Sie sich einfach immer dann einige Momente, sich mit einem Tier zu befassen, wann immer Sie Gelegenheit dazu haben.

---

11. Übung to go: „Labeling"

Geht es Ihnen auch manchmal so, dass Sie zwar wissen, dass Sie sich gerade „unrund" fühlen, aber nicht benennen könnten, was Sie eigentlich gerade umtreibt? Häufig fühlen wir recht undifferenziert und verpassen dabei die Chance, unsere Gefühle besser in den Griff zu bekommen. Denn auch bei Gefühlen gilt „Selbsterkenntnis ist der erste Schritt zur Besserung". Ich höre von meinen Coachingklienten oft, sie wären wütend oder frustriert. Häufig steht aber ein ganz anderes Gefühl dahinter, beispielsweise Angst, Trauer, sich abgekanzelt fühlen etc.

Die folgende Liste mit diversen Gefühlen und Stimmungen unterstützt Sie dabei, Ihre Gefühle differenzierter zu kategorisieren und damit auflösen zu können. Denn wenn wir einem Gefühl ein spezifisches Etikett geben und es klar benennen können, reicht dies häufig schon, das Gefühl sich auflösen zu lassen. Nach dem Motto: Erkannt – gebannt. Der Fachbegriff dazu heißt „Labeling", und Matthew Lieberman von der University of California hat in seinem Buch „Search inside yourself" untersucht, dass beim Benennen von Gefühlen die Aktivität in dem Teil des Cortex erhöht wird, der als „Bremspedal" des Gehirns gilt, und dass bei diesem „Labeling" von Emotionen die Aktivität der Amygdala heruntergefahren wird. Das bedeutet: Schon das Benennen von Empfindungen hilft bei der Bewältigung dieser Emotion und sorgt dafür, dass wir aus Grübelschleifen aussteigen können.

Wenn also demnächst wieder einmal ein Gefühl in Ihnen aufsteigt, das Sie als unangenehm empfinden, „labeln" Sie es! Sagen Sie sich einfach: „Ich bin traurig, wütend, eifersüchtig, neidisch ..." und gehen Sie dann wieder zur Tagesordnung über.

„Gefühlsliste" zum Benennen Ihrer Gefühle

positiv 🙂		neutral 😐	
Akzeptiert	Interessiert	Anders	Müde
Anerkannt	Klar	Aufgeregt	Nervös
Ausgeglichen	Kraftvoll	Aufgewühlt	Privilegiert
Ausgeruht	Lebendig	Bemitleidet	Ruhig
Befriedigt	Leicht	Beneidet	Schadenfroh
Begehrt	Liebevoll	Berührt	Schüchtern
Begeistert	Lustvoll	Bestürmt	Trotzig
Begünstigt	Lustig	Betroffen	Überlegen
Behaglich	Mitfühlend	Demütig	Überrascht
Beschwingt	Mutig	Durcheinander	Unruhig
Bewundert	Neugierig	Enthemmt	Unschuldig
Einig mit mir und der Welt	Optimistisch	Ergriffen	Unsicher
Voller Elan	Schwungvoll	Erregt	Verantwortlich
Voller Energie	Selbstbewusst	Erwartungsvoll	Verblüfft
Entspannt	Sicher	Fahrig	Verdutzt
Erhaben	Stark	Gebunden	Verführt
Erleichtert	Stolz	Geduldet	Verlegen
Fit	voller Sympathie	Gefasst	Verpflichtet
Frei	Triumphierend	Gefährdet	Vertraut
Froh	Verbunden	Gefordert	Verwirrt
Fröhlich	Verliebt	Gehemmt	Verwundbar
Ganz	Verstanden	Gelangweilt	Verwundert
Geachtet	Vertrauensvoll	Gerührt	Vorgezogen
Gelassen	Wertvoll	Gespannt	Wach
Geliebt	Wohl	Gewachsen	Weich
Gelöst	Wohlwollend	Hin- und hergerissen	Wild
Gemocht	Zufrieden	Hochmütig	Willenlos
Gesund	Zugehörig	Kontrolliert	Wissbegierig
Hoffnungsvoll	Zuversichtlich	Kribbelig	Wollüstig
		Matt	Zerbrechlich
		Misstrauisch	Zweifelnd
		Mitleidig	Zwiespältig

Zahlreiche weitere Übungen und „Entspannungsquickies" für den Alltag z. B. beim Autofahren, unter der Dusche und im Job finden Sie in der „Bambusstrategie".

negativ

Abgelehnt
Abgekanzelt
Abgewiesen
Aggressiv
Allein
Angegriffen
Ängstlich
Antriebslos
Ärgerlich
Ausgebrannt
Ausgenutzt
Ausgespannt
Ausgestoßen
Bedrängt
Bedroht
Bedrückt
Beleidigt
Benachteiligt
Benutzt
Bestraft
Betrogen
Blamiert
Bloßgestellt
Eifersüchtig
Empört
Einsam
Entehrt
Enttäuscht
Entwertet
Freudlos
Gedemütigt
Gehänselt
Gehasst
Gehetzt
Gekränkt
Genervt
Gereizt
Gestört
Gestresst
Getäuscht
Gewöhnlich
Krank
Kritisiert
Kummervoll
Lebensmüde
Leer
Lustlos
Melancholisch
Minderwertig
Missbraucht
Missgünstig
Mutlos
Neidisch
Niedergeschlagen
In Not
Pessimistisch
Platt
Rachsüchtig
Ratlos
Sauer
Voller Schmerz
Schuldig
Schwach
Schwer
Sorgenvoll
Traurig
Unbeliebt
Ungeduldig
Ungeliebt
Unter Druck
Unterdrückt
Unterlegen
Unverstanden
Unzufrieden
Verachtet
Verarscht
Verkannt
Verklemmt
Verkrampft
Verletzlich
Verletzt
Verraten
Weinerlich
Wertlos
Wütend
Zerrissen
Zerstört
Zornig

Umgang mit drei typischen Herausforderungen beim Einstieg in die Achtsamkeitspraxis

Herausforderung 1: Sie fühlen sich zu unruhig, um zu meditieren, und finden keinen Anfang.

Je stärker Sie sich gerade unter Druck fühlen, umso schwerer wird es Ihnen möglicherweise fallen, im Sitzen mit geschlossenen Augen zu meditieren. Sich trotzdem dazu zu motivieren, gelingt Ihnen nicht. Sie schieben den Vorsatz, sich in Achtsamkeit zu üben, vor sich her.

Lösung: Versuchen Sie gar nicht erst zu sitzen. Probieren Sie es zunächst einmal mit einer Übung, die Ihrer Unruhe entgegenkommt, wie beispielsweise „Walzertakt“.

Herausforderung 2: Sie können sich nicht konzentrieren und schweifen ständig mit Ihren Gedanken ab.

Sie verlieren sich in Tagträumen, und statt der erhofften „Gedankenstille“ erleben Sie eher das Gegenteil: In Ihrem Gehirn geht die Post ab, ein nicht enden wollender Strom teils zusammenhangloser Gedanken poppt immer wieder auf, stört Ihre Konzentration und macht Sie unruhiger als zuvor.

Lösung: Geben Sie sich mindestens zehn Minuten lang eine Chance, es immer noch einmal zu versuchen. Sagen Sie sich innerlich so freundlich wie möglich: „Ich bin abgeschweift“, und machen dann einfach weiter, indem Sie sich wieder auf Ihr Meditationsobjekt, z. B. den Atem, konzentrieren. Meist dauert es ca. zehn Minuten, bis es uns gelingt, umzuschalten und „runterzukommen“. Nachdem Sie das einige Male erfahren haben, wird es Ihnen immer leichter fallen, geduldig bei der Sache zu bleiben. Sie wissen dann einfach schon, dass es Ihnen schließlich gelingen wird, und überbrücken die Zeit bis dahin mit mehr Gelassenheit.

Sollten Sie nach zehn Minuten noch nicht zur Ruhe gekommen sein, können Sie eine Pause einschieben, für fünf Minuten eine Gehmeditation einbauen und sich dann wieder hinsetzen und weitermachen. Oft ist es hilfreich, wieder auf eine Basisübung zurückzugreifen und sich beispielsweise über das Zählen der Atemzüge neu zu sammeln.

Herausforderung 3: Sie haben Fragen, die hier nicht beantwortet werden, kommen nicht so recht voran oder haben Ihre Motivation nach kurzer Zeit verloren.
Auch wenn die Meditationsanleitung in diesem Buch so genau wie möglich ist, kann Sie eine persönliche Anleitung durch einen erfahrenen Praktiker oder Meditationslehrer natürlich nicht ersetzen. Sobald Fragen auftauchen, auf die Sie keine Antwort finden, dämpft dies häufig die Motivation, und die Selbsterforschung verläuft weniger erfolgreich, als dies möglich wäre. Dann fällt es immer schwerer, regelmäßig zu üben, und schließlich lassen Sie es ganz bleiben.

Auch wenn man im Verlauf der Meditation phasenweise unangenehme Gefühle bekommt, lässt die Motivation häufig nach, und viele bringen dann nicht mehr die nötige Selbstdisziplin auf, weil man diese Empfindungen lieber vermeiden möchte.

Lösung: Suchen Sie sich jemanden, der Sie anleiten kann. Das kann im Einzelkontakt sein oder in einer Meditationsgruppe. Im Einzelkontakt können Sie individuelle Fragen klären, in der Gruppe finden Sie darüber hinaus zusätzlich Möglichkeiten zum Erfahrungsaustausch.

Außerdem entsteht in einer Gruppe eine besondere Atmosphäre, die Ihnen tiefere Erfahrungen ermöglicht. Die meisten Meditierenden halten das Meditieren in einer Gruppe für einen der wichtigsten Faktoren, um die Meditationstiefe zu fördern. Gerade wenn Sie an der Weiterentwicklung der Masterkompetenzen interessiert sind, brauchen Sie kontinuierliche und regelmäßige Praxis. Um „dranzubleiben“, hilft es oft, sich Gleichgesinnte zu suchen und mit ihnen einen verbindlichen wöchentlichen Termin auszumachen, an dem Sie gemeinsam meditieren. Um in den tieferen Erfahrungsbereich der drei Masterkompetenzen vorzudringen, reichen die meist kurzen Übungszeiträume im Alltag oft nicht aus. Dann kann es helfen, an mehrtägigen Meditationskursen in dafür eingerichteten Zentren teilzunehmen, wie beispielsweise der von mir geschätzte Vipassana-10-Tage-Kurs. Es gibt aber auch zahlreiche kürzere Angebote, keine Sorge.

Achtsamkeit ist Teil unseres Lebens

Achtsamkeit ist im Grunde einfach. Sie ist leicht zu verstehen und wir alle können sie leicht im Inneren entstehen lassen. Jeder Mensch erlebt auch ohne irgendeine Form von Übung immer wieder Momente der Achtsamkeit in seinem Leben: zufrieden mit sich und der Welt, mit voller Aufmerksamkeit auf das Jetzt, voll von innerer Ruhe und Klarheit.

Solange alles rundläuft und es uns gut geht, fällt es uns nicht schwer, den Moment auszukosten und hin und wieder einfach nur zu „sein". Aber in Krisenzeiten braucht es einiges an Übung, um auch dann noch voller Gelassenheit zu bleiben. Nur mit Übung können Sie Ihre natürliche Fähigkeit zur Achtsamkeit so vertiefen, ausbauen und aufrechterhalten, dass sie ihre Kraft auch in den schwierigen Phasen des Lebens entfaltet.

Gönnen Sie sich also regelmäßig einige Zeit, um sich mit sich selbst zu verbinden! Es ist einfach: Sie brauchen nur Ihren Atem und den regelmäßigen Wechsel vom „Tun" ins kraftspendende „Sein".

Realität ist verhandelbar oder es gibt keine Realität.

Ihr Gehirn ist „nur" ein einfacher Denkapparat und nicht in der Lage zu erkennen, was „wirklich wirklich ist", es erkennt nur, was für Sie von Bedeutung ist. Wenn Sie die Bedeutung ändern, indem Sie mithilfe der Achtsamkeitspraxis Ihre Gedanken und Gefühle verändern und neu sortieren, ändert sie sich damit auch für Ihr Gehirn und damit ändert sich Ihre „Wirklichkeit" ebenfalls.

Die folgende Grafik fasst das Kapitel für sie zusammen.

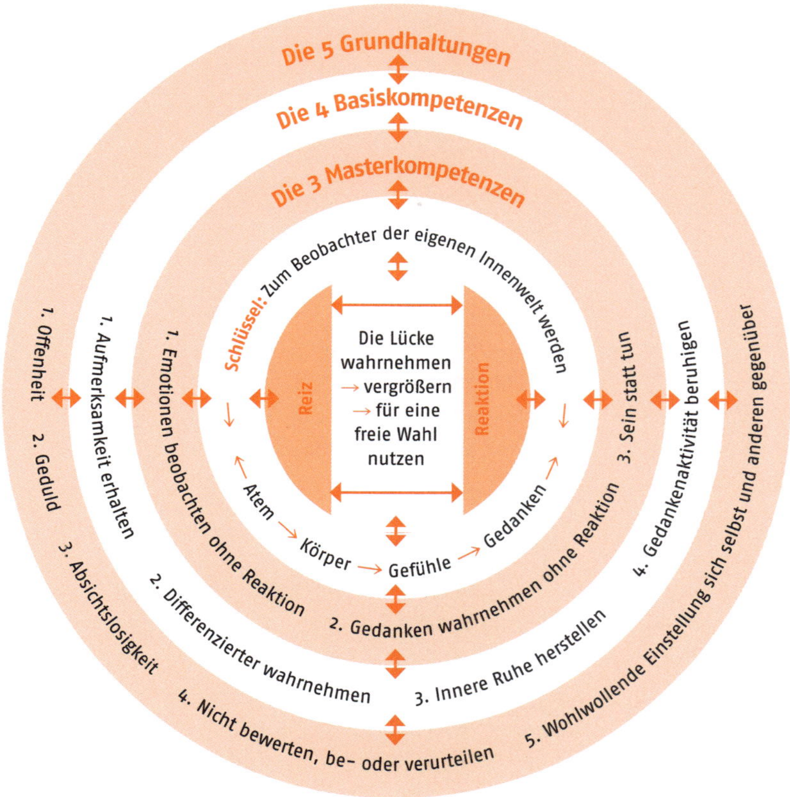

Ergebnis:

- Mehr Gelassenheit, höhere Belastbarkeit
- Selbstbeherrschung: bei sich bleiben, ohne „außer sich" zu geraten
- Neue Perspektiven mit positiver Auswirkung auf alle Führungssituationen
- Mehr Ziele erreichen mit weniger Aufwand
- Höhere Empfänglichkeit für die Schönheit der Welt: Demut, Dankbarkeit, Präsenz
- Weiterentwicklung aller 11 Resilienzfaktoren
- Gesammelter Geist
- Persönliche Wahlfreiheit und Selbstbestimmung unabhängig von den Umständen
- Fähigkeit zur Akzeptanz der Dinge, wie sie sind
- Innere Zufriedenheit, Selbsterkenntnis, Bewusstwerdung: Wer bin ich? Warum tue ich, was ich tue?

3 Wie Sie Ihre Mitarbeiter stärken

„Es ist jedes Mal das Gleiche: Kaum wird es ein bisschen stressiger, sind gleich viele Mitarbeiter krank. Überhaupt finde ich, dass die Stimmung in meinem Team immer mehr auf den Nullpunkt zusteuert. Dabei bieten wir ihnen doch eine Menge: eine tolle Kantine, freie Getränke, zweimal pro Woche Rückengymnastik für alle, und wer sich einsetzt, bekommt einen ordentlichen Bonus …"

Kennen Sie solche Stoßseufzer? Haben Sie vielleicht schon selbst Ähnliches geäußert? Leider ist der Glaube heute immer noch weit verbreitet, dass, wer keinen „richtigen" Stress und einen übervollen Schreibtisch habe, eben nicht genug arbeite. Und wer schlappmacht, ist eben zu empfindlich. „Burn-out" wird oft als Modewort oder gar als „Ausrede für Faule" abgetan. Oder die Mitarbeiter sind eben einfach zu anspruchsvoll.

Aber es bewegt sich etwas in eine positive Richtung: Immer mehr Führungskräfte wollen wissen, was sie zur Entlastung ihrer Mitarbeiter beitragen können. Und das ist gut so! Denn auch wenn die Folgen von immer wiederkehrenden Belastungsspitzen häufig lange unsichtbar bleiben, kommt es schließlich scheinbar plötzlich zu gehäuften Ausfällen aufgrund psychischer Erschöpfung. Nach Angaben der Deutschen Angestellten-Krankenkasse (DAK) gingen im Jahr 2014 17 Prozent aller Fehltage auf das Konto seelischer Leiden – ein neuer Spitzenwert. Besonders fatal: Beschäftigte mit einer solchen Diagnose fehlen fast doppelt so lange wie Menschen mit anderen Erkrankungen. Noch schlimmer: Häufig kehren sie gar nicht mehr an ihren Arbeitsplatz zurück; 40 Prozent der von Burn-out Betroffenen kommen nie wieder! Und nur ein nicht von ständigen Ausfällen geschwächtes Team kann effektiv arbeiten.

Es ist gut und löblich, dass sich zunehmend mehr Unternehmen mit den Bedürfnissen ihrer Mitarbeiter auseinandersetzen. Allerdings läuft das aus meiner Sicht in eine Richtung, die zum Holzweg werden könnte.

Denn wenn es doch „Seelenleiden" sind, die Leistung verhindern, dann greifen alle Konzepte, die nicht auch das „Seelenheil" der Mitarbeiter im Fokus haben, zu kurz. Da helfen auch keine noch so aufwendigen Zahlen-Daten-Fakten-basierten Programme, die ausschließlich auf die Gesunderhaltung der „Seelenhülle" – also des Körpers – abzielen, keine Boni und keine Feedback-Gespräche, in denen mehr Leistung angemahnt und eingefordert wird.

Es gilt also, die Widerstandskraft der Belegschaft zu stärken. Die Lösung findet sich in der Fähigkeit zur Resilienz.

3.1 Die Art der Führung hat Einfluss auf die Gesundheit der Mitarbeiter

Unabhängig davon, ob Mitarbeiter „echte" psychische Erkrankungen haben oder ob sie „nur lustlos" sind, braucht es eine Strategie, die sowohl im Akutfall als auch vor allem vorbeugend nachweisbar Wirkung entfaltet. Wie also kann die seelische Widerstandsfähigkeit von Menschen am Arbeitsplatz gestärkt werden? Was ist es, das die einen Menschen mit Druck, mit Konflikten und Misserfolgen besser fertigwerden lässt als andere? Was lässt sie sogar gestärkt aus Krisen hervorgehen?

Die Antwort darauf lautet: Sie nutzen ihre Resilienz, eine derzeit noch zu wenig bekannte Fähigkeit. Wenn Menschen resilient sind, können sie ohne unnötige Energieverluste auf ihre inneren Ressourcen zugreifen. Sie nutzen ihre innere Kraft optimal, um allen Herausforderungen des Lebens und des Berufs die Stirn zu bieten.

Die gute Nachricht: Sie können die Resilienz und gleichzeitig die Motivation, Leistungsbereitschaft und Loyalität Ihrer Mitarbeiter stärken! Zuerst habe ich Ihnen Möglichkeiten vorgestellt, wie Sie Ihre eigene Resilienz erhöhen und sich selbst besser führen können. Jetzt geht es darum, wie Sie Ihre Mitarbeiter besser führen und damit stärken können.

Gesundheit wird vielerorts noch als Privatsache und damit als Angelegenheit der Mitarbeiter gesehen. Und leider unterschätzen Führungskräfte häufig ihren Einfluss auf die Gesundheit ihrer Mitarbeiter. Dabei belegen zahlreiche Forschungsbefunde, dass Führungskräfte über ihr Führungsverhalten einen direkten und indirekten Einfluss auf die psychische Gesundheit und Resilienz ihrer Mitarbeiter haben.

Direkter und indirekter Einfluss auf die Resilienz der Mitarbeiter

Direkten Einfluss nehmen Sie über Ihr Führungsverhalten, also darüber, wie Sie mit Ihren Mitarbeitern sprechen und umgehen, indirekten Einfluss üben Sie über die Gestaltung der Arbeitsaufgaben und -bedingungen aus. Allerdings wäre es von Ihnen auch recht viel verlangt, wenn Sie sich – selbst unter Druck – nun auch noch durch diverse Doktorarbeiten und Studienpapiere kämpfen müssten, um herauszufinden, was hierbei die besten Methoden sind. Deshalb stelle ich Ihnen im Folgenden konkrete Handlungsstrategien vor, die Sie gezielt bei Ihrer Aufgabe der Mitarbeitergesundheitsförderung unterstützen.

Keine Sorge: Was Ihnen zunächst möglicherweise wie eine anstrengende Zusatzaufgabe erscheint, die Sie noch mehr unter Druck setzen könnte, als Sie es sowieso schon sind, erweist sich bald als Erleichterung Ihrer Führungspraxis, die Ihnen letztlich Zeit und Mühe spart. Wenn Sie mehr innere Kraft bei Ihren Mitarbeitern aktivieren und gleichzeitig Ihre Ziele effektiver umsetzen wollen und dabei mit Ihrem Führungsstil das Verhalten Ihrer Mitarbeiter in Richtung „mehr Loyalität, Lern- und Leistungsbereitschaft, Verantwortungsbewusstsein, Selbstdisziplin und unternehmerisches Denken“ verändern möchten – dann bleiben Sie dran und lesen Sie weiter.

Die Führungskraft als Kraftquelle

Mitarbeiter berichten deutlich seltener von Stress und Erschöpfung, wenn sie eine positive, von Vertrauen, Respekt und gegenseitiger Unterstützung getragene Beziehung zur ihrer Führungskraft haben. Wenn der Chef dann noch klare Ziele setzt, Verantwortlichkeiten und Vorgehensweisen präzisiert, entsprechende Informationen bereitstellt, sich für den Arbeitsfortschritt interessiert, regelmäßig Feedback gibt und Leistungen belohnt – wenn die Arbeit also strukturiert abläuft –, dann haben Stress und Erschöpfung kaum noch eine Chance.

Gesunde Mitarbeiter haben einen Chef, der eine klare Richtung vorgibt und damit Sicherheit und Orientierung vermittelt. Er ermöglicht seinen Mitarbeitern, trotz komplexer und schwer vorhersehbarer Arbeitsprozesse den Überblick zu behalten und das Gefühl von Kontrolle über ihre Arbeit zu bewahren.

Durch individuelle Wertschätzung ihrer Mitarbeiter, deren Unterstützung und Einbindung in Entscheidungen fördert eine gute Führungskraft das psychische Wohlbefinden und trägt entscheidend dazu bei, dass der Burn-out keine Chance hat. Sie gewährt ihren Mitarbeitern Entscheidungs- und Handlungsspielräume und gestaltet Arbeitsaufgaben und Arbeitsbedingungen so, dass Belastungen minimiert werden – und das im Einklang mit den Bedürfnissen und Fähigkeiten ihrer Mitarbeiter. Benötigte Ressourcen stellt die Führungskraft rechtzeitig und ausreichend zur Verfügung ...

Nur ein Traum?

„Moment mal“, denken Sie vielleicht gerade, „so einen Chef hätte ich auch gerne. Hab ich aber leider nicht. So eine Führungskraft würde ich an sich schon gerne sein. Aber mein Chef erzählt mir was, wenn ich jetzt auf Kuschelkurs mit meinen Mitarbeitern gehe ... Das läuft bei uns nicht.“

Ich verstehe, dass es nicht leicht ist, in einer „Harter-Hund-Kultur“ zum „Mitarbeiterversteher“ zu werden. Wenn Sie in einer „harten“ Unternehmenskultur arbeiten, zählen Ergebnisse und Leistung. Und doch – lassen Sie es auf einen Versuch ankommen; Ihre hervorragenden Ergebnisse werden für Sie sprechen!

Von Ihrer Entscheidung (und Ihrer Haltung und Handlung gegenüber Ihrem Vorgesetzten) hängt ab, wie stark Ihre Mitarbeiter mit bestimmten Belastungen oder Gesundheitsrisiken konfrontiert werden, ob gegensteuernde Maßnahmen ergriffen und Ressourcen zur Verfügung gestellt werden. Sie können beispielsweise das Aufgabenvolumen, den Schwierigkeitsgrad der Aufgaben und das Maß an Freiheit bei der Aufgabenerfüllung beeinflussen und Sie können dafür sorgen, dass sich Ihre Teammitglieder untereinander unterstützen.

Sie sind außerdem in Ihrer Rolle als Vorgesetzter der mächtigste Promotor für eine gesundheitsförderliche Kultur in Ihrem „Beritt". Ihre Einstellungen und Ihr Verhalten haben für Ihre Mitarbeiter Vorbildcharakter und machen deutlich, was im Unternehmen von Wert ist. Selbst wenn es in Wirklichkeit im Rest des Unternehmens ganz anders aussieht ... Was für Ihre Mitarbeiter zählt, sind Sie! Wenn Sie den Bedürfnissen und dem Wohlergehen Ihrer Mitarbeiter in Ihrem Reden, Ihrem Tun und in der Gestaltung der Arbeit spürbar einen hohen Stellenwert geben, signalisieren Sie damit zwischen den Zeilen, dass Gesundheit im Unternehmen (oder eben zumindest bei Ihnen) gleichberechtigt mit Leistung gefördert wird. Und Ihre Mitarbeiter danken es Ihnen mit hoher Motivation, Leistungsbereitschaft und Gesundheit.

Realize!

„Aber wie soll ich das denn umsetzen?", fragen Sie sich jetzt. Na, dazu habe ich dieses Buch geschrieben :-). Kommt gleich ausführlicher; hier schon einmal einige konkrete Vorschläge zusammengefasst.

Überblick: So stärken Sie die Resilienz Ihrer Mitarbeiter

- Setzen Sie klare Ziele.
- Klären Sie Verantwortlichkeiten.
- Legen Sie Prioritäten und Leistungsstandards fest.
- Interessieren Sie sich für die Fortschritte Ihrer Mitarbeiter, fragen Sie immer wieder einmal danach.
- Zeigen Sie öfter Ihre Anerkennung und Wertschätzung für die Leistungen Ihrer Mitarbeiter.
- Klären Sie, wer wem welche Informationen auf welchem Weg zukommen lassen soll.
- Helfen Sie, wenn es Probleme gibt.
- Fordern Sie einen respektvollen und freundlichen Umgang miteinander ein und leben Sie ihn vor.
- Fördern Sie Ihre Mitarbeiter individuell.
- Überprüfen Sie direkt bei Auftragserteilung, ob Ihr Mitarbeiter alle erforderlichen Informationen hat.
- Lassen Sie Ihre Mitarbeiter mitentscheiden, welche Aufgaben bis wann und wie zu erledigen sind.
- Erlauben Sie Mitarbeitern, auch im Homeoffice zu arbeiten.
- Sorgen Sie dafür, dass besonders schwierige und umfangreiche Aufgaben gemeinsam mit anderen Kollegen bearbeitet werden.
- Fordern Sie Ihre Mitarbeiter deutlich zur Zusammenarbeit und gegenseitigen Rücksichtnahme auf und leben Sie Unterstützung vor.
- Berücksichtigen Sie bei der Festlegung von Arbeitszielen und Leistungsstandards die Qualifikationen, Stärken und jeweils aktuellen Kapazitäten der Mitarbeiter.
- Sorgen Sie rechtzeitig für Unterstützung, bevor ein Berg von Aufgaben entsteht, der für Ihre Mitarbeiter schon rein zeitlich nicht mehr zu bewältigen ist.
- Senken Sie Anforderungen und gewohnte Standards während der Belastungsspitzen.
- Reduzieren Sie den Anteil des Kundenkontakts und die damit verbundenen emotionalen Anforderungen, indem Sie Aufgaben mit Kundenkontakt bei Bedarf umverteilen.

Denken Sie jetzt: „Aber ich habe sowieso schon genug zu tun! Und jetzt noch eine so lange Liste abarbeiten?“ Sie müssen nicht die komplette Liste auf einmal umsetzen; suchen Sie sich einfach etwas aus, das Ihnen jetzt gerade möglich erscheint, und realisieren Sie es. Schon wenn Sie einen Punkt umsetzen, haben Sie etwas Gesundheitsförderndes für Ihre Mitarbeiter (und letztlich für sich selbst) getan!

Gesundheitsfördernde Selbstführung: Sie sind Vorbild!

Nicht umsonst habe ich zuerst auf Ihre eigene seelische Kraft und Resilienz fokussiert. Denn nur wenn Sie selbst resilient sind, können Sie Ihre Mitarbeiter stärken. Es spielt eine wichtige Rolle, wie Sie selbst mit dem Thema Gesundheit umgehen und ob Sie durch Ihre gesundheitsorientierte Selbstführung als Vorbild und Anregung für das Verhalten der Mitarbeiter taugen. Zahlreiche Studien beweisen: Wenn Sie sich gesundheitsförderlich verhalten, tun es Ihre Mitarbeiter auch!

Gesundheitsfördernde Selbstführung beinhaltet laut der gesundheitspsychologischen Forschungsergebnisse von Organisationspsychologin Dr. Franziska Franke und Jörg Felf aus 2011 folgende Aspekte:

- *Gesundheitsbezogene Achtsamkeit.* Bewusste Auseinandersetzung mit der eigenen Gesundheit und deren Risiken, um frühzeitig zu merken, wenn „etwas nicht stimmt“.
- *Gesundheitsbezogene Selbstwirksamkeit.* Wissen, mit welchen gesundheitsförderlichen Verhaltensweisen und Maßnahmen man übermäßigen Belastungen vorbeugen kann. Das Wissen umsetzen.
- *Fokus auf Gesundheit.* Gesundheit hat für Sie einen hohen Stellenwert.

Indem Sie dieses Buch lesen, sind Sie in diesen drei Aspekten schon fast auf der sicheren Seite!

Der Führungsstil macht's

Eins vorab, nicht dass wir uns falsch verstehen: Wenn Sie Ihre Mitarbeiter stärken und sich damit gleichzeitig die Arbeit erleichtern (und gegebenenfalls selbst wieder mehr Motivation haben) wollen, bedeutet das keinesfalls, dass Sie ab jetzt nur noch auf „Kuschelkurs" gehen oder Ihre Mitarbeiter gar machen lassen, was sie wollen! Eher im Gegenteil! Ihre Mitarbeiter werden nur stark, wenn sie einen entscheidenden Bestandteil von Resilienz entwickeln: die Selbstwirksamkeitserwartung, also Selbstsicherheit und das Zutrauen in die eigenen Fähigkeiten. Und die entwickelt sich nur, wenn Sie Ihre Mitarbeiter auch vor anspruchsvolle Herausforderungen stellen, damit sie dabei lernen können, dass sie in der Lage sind, es selbst zu schaffen.

Fakt ist: Ihre Art der Führung entscheidet, ob Ihre Mitarbeiter gesund und resilient sind und sich an ihrem Arbeitsplatz wohlfühlen. Ihre Art der Führung kann innere Motivation und Freude an der Arbeit entfachen.

Die Diplompsychologin Ina Zwingmann hat, zusammen mit fünf Kollegen der Technischen Universität Dresden, 2014 die Ergebnisse einer Studie, bei der 93.576 Mitarbeiter eines großen internationalen Unternehmens zum Zusammenhang zwischen Führungsstil und Gesundheit befragt wurden, veröffentlicht. Drei Führungsstile wurden dabei untersucht:

- Laissez-faire-Führung
- Transaktionale Führung
- Transformationale Führung

Das Ergebnis: Der transformationale und der transaktionale Führungsstil halten gesund und stärken die Resilienz der Mitarbeiter. Laissez-faire-Führung macht krank. Zahlreiche weitere Studien bestätigen die Ergebnisse.

Lassen Sie uns im Folgenden einen Blick auf die verschiedenen Führungsstile werfen.

Der „Laissez-faire"-Führungsstil

„Laissez-faire"-Führung ist schnell erklärt, und ich werde im Weiteren nicht mehr darauf eingehen. Da passiert nämlich erstens nicht viel, und zweitens macht diese Art der Führung die Mitarbeiter krank. „Laissez faire" ist Französisch und bedeutet: „Lassen Sie machen". Eine Laissez-faire-Führungskraft ist nie da, wenn man sie braucht, und wenn sie da ist, macht sie keinerlei Gebrauch von ihrer Autorität. Sie bleibt insgesamt inaktiv, dringende Aufgaben werden aufgeschoben und verzögert, notwendige Entscheidungen werden nicht getroffen. „Laissez-faire"-Führungskräfte verleugnen ihre Führungsverantwortung und handeln nach der Maxime: „Tu du mir nichts, ich tu dir auch nichts." Aus lauter Hilflosigkeit vermeiden sie jede Form von Führung und lassen ihre Mitarbeiter ohne jegliche Orientierung „vor sich hin wurschteln".

Ich habe die Erfahrung gemacht, dass Führungskräfte, die diesen Stil bevorzugen, oft glauben, sie würden ihren Mitarbeitern damit einen Gefallen tun. Das Gegenteil ist der Fall! Ohne Rückmeldung zur Arbeit nimmt die Motivation der Mitarbeiter erwiesenermaßen schnell stark ab, die Eigeninitiative sinkt, Konflikte im Team nehmen zu, Unlust und Schlendrian halten Einzug.

Der transaktionale Führungsstil

Transaktionale Führung heißt so, weil sich dieser Führungsstil durch einen Austauschprozess, also eine Transaktion, zwischen Führungskraft und Mitarbeitern auszeichnet: Den Mitarbeitern werden Belohnungen für die Erfüllung der gewünschten Anforderung in Aussicht gestellt bzw. Bestrafungen im Falle der Nichterfüllung. So wird den Mitarbeitern ein Nutzen im Austausch für die Leistungserbringung aufgezeigt.

Transaktionales Führungsverhalten bedient sich der folgenden beiden Methoden:

- Bedingte Belohnung: Die Führungskraft stellt Belohnungen in Aussicht, die im Austausch für die zufriedenstellende Zielerreichung zu erwarten sind.
- Management by Exception, aktiv oder passiv. Bei der aktiven Form überwacht und kontrolliert die Führungskraft die Leistungen der Mitarbeiter und greift ein, sobald erste Abweichungen vom gewünschten Zielerreichungsprozess auftreten. Bei der passiven Variante werden Arbeitsabläufe nicht kontrolliert. Korrekturmaßnahmen werden erst unternommen, wenn Probleme auftreten oder Fehler passieren.

Transaktionale Führungskräfte

- kommunizieren klare Ziele und Erwartungen an die Mitarbeiter,
- führen korrigierende Maßnahmen durch, um die Erreichung des Ziels sicherzustellen,
- belohnen bei korrekter Erledigung der Aufgaben und bestrafen fehlendes Engagement,
- unterstützen Mitarbeiter, die sich anstrengen,
- grenzen Zuständigkeiten und Verantwortungen klar ab,
- erkennen, welche Gegenleistungen für Anstrengungen reizvoll für ihre Mitarbeiter sind und versuchen, diese Gegenleistungen zu gewähren, wenn die Arbeitsleistung entsprechend ist,
- reagieren auf Bedürfnisse und Wünsche als Anreiz, solange der Job getan wird,
- geben Orientierung: Die Mitarbeiter wissen eindeutig, was sie zu erwarten haben.

In diesem Führungsstil geht es im Grunde um das alte Spiel „Zuckerbrot und Peitsche". Im transaktionalen Führungsstil belohnen und bestrafen Führungskräfte ihre Mitarbeiter, damit diese die an sie gestellten Leistungserwartungen kontinuierlich erfüllen. Dieses Führungsverhalten erfüllt seinen Zweck vor allem bei Routineaufgaben auch recht zuverlässig. Es reicht allerdings nicht aus, um beispielsweise Veränderungs- und Innovationsprozesse so zu steuern, dass Mitarbeiter dabei „alles geben". Und gerade diese Prozesse laufen in der heutigen VUKA-Arbeitswelt andauernd und gehäuft!

Sie brauchen das Hirn UND das Herz Ihrer Mitarbeiter spätestens dann, wenn es um Aufgaben geht, die Kreativität und Innovativität erfordern. Dann reicht es nicht mehr, zu sagen: „Wenn du das Ergebnis erreicht hast, bekommst du dafür ...“, beispielsweise einen Bonus. Was würden Sie hier auch als Ziel konkret vorgeben wollen? Zeichnen sich anspruchsvollere Prozesse doch gerade dadurch aus, dass es keine eindeutigen Lösungsschemata und festen Ergebniserwartungen gibt. Um den VUKA-Herausforderungen standzuhalten, sind Sie also darauf angewiesen, dass der Mitarbeiter sich voll einbringt, selbst Lösungsideen entwickelt und mit Leib und Seele bei der Sache ist. Das tut er allerdings nicht nur wegen der Aussicht auf mehr Geld.

Sie merken: Dieser Führungsstil ist hilfreich – aber begrenzt.

Der transformationale Führungsstil

Mit dem transformationalen Führungsstil verändern – also transformieren – Sie das Verhalten Ihrer Mitarbeiter in Richtung mehr Loyalität, Lern- und Leistungsbereitschaft, Verantwortungsbewusstsein, Selbstdisziplin und unternehmerisches Denken.

Bisher im transaktionalen Führungsstil vernachlässigte Aspekte wie Motivation über eine begeisternde Vision, geteilte Werte, Emotionen, Gemeinschaftserfahrungen und die Identifikation mit „bigger than life issues“ stehen im Mittelpunkt der transformationalen Führung.

Sie ist die Antwort auf VUKA: Denn ohne sie führen andauernde Veränderungsprozesse, Unsicherheit auf allen Ebenen, hohe Komplexität und Ambivalenz zu einem Verlust an Orientierung, Sinn und Nähe und damit zur Demotivation bis hin zur Demoralisierung und letztlich Erkrankung der Mitarbeiter.

Weg von „old school“-Führung

Eine transformationale Führungskraft ist für ihre Mitarbeiter ein Vorbild, indem sie sich so verhält, wie sie es von ihren Mitarbeitern erwartet. Sie entwickelt eine inspirierende Vision, die sie zielorientiert und mit Begeisterung vorantreibt. Sie ermutigt ihre Mitarbeiter zu kreativem Denken und gibt Spielräume für die Suche nach der bestmöglichen, auch ungewöhnlichen Lösung eines Problems. Sie geht auf die Bedürfnisse der Mitarbeiter ein. Die Arbeitswelt ist zu komplex und verändert sich zu schnell, als dass „old school"-Führung, also die Steuerung der Mitarbeiter rein durch Kommandieren und Kontrolle, Belohnung und Bestrafung, heute noch genügen würde. In Zukunft noch weniger.

Als ich vor einigen Jahren auf die Beschreibung des transformationalen Führungsstils gestoßen bin, dachte ich: „Oh mein Gott, es gibt einen Namen für das, was ich meinen Kunden schon seit Jahren empfehle!", und ich habe mich gefreut, durch all die wissenschaftlichen Belege seiner Wirksamkeit bestätigt – geradezu geadelt – worden zu sein.

Während ich mich durch all die Doktorarbeiten und Studien zum Thema kämpfte, ärgerte ich mich aber auch zunehmend, vor allem über die Umständlichkeit und Kompliziertheit des wissenschaftlichen Schreibstils, und ich dachte: „Das ist doch nichts Neues, und außerdem sagt einem das doch schon der gesunde Menschenverstand." Nun ja, manches wird auch Ihnen bekannt vorkommen. Und wenn Sie das alles auch schon umsetzen, dann freuen Sie sich bitte! Denn dann gehören Sie zu den löblichen Ausnahmen. Nach meinem Einblick in zahlreiche Kundenunternehmen kann ich Ihnen sagen: Da wird doch noch viel im „old school"-Stil geführt! Aus meiner Sicht liegt genau hier der Grund dafür, dass immer mehr Mitarbeiter die Flügel hängen lassen und schließlich seelisch erschöpft zu Hause bleiben.

Die Zeit ist also reif für einen neuen, für den transformationalen Führungsstil. Und für konkrete Hinweise, wie Sie diesen umsetzen können. Lesen Sie dazu das folgende Kapitel.

3.2 Höchste Zeit für „New Leadership"

Spätestens seit den späten 1980er-Jahren weiß man aus der „New Leadership"-Führungsforschung um den britischen Professor Alan E. Bryman, dass der Mensch kein „Homo oeconomicus" ist, der lediglich Kosten und Nutzen abwägt und sich ausschließlich durch Boni motivieren ließe. Trotzdem fußen noch immer zahlreiche Unternehmenskulturen auf der Idee: „Der wird ordentlich bezahlt, das muss er einfach abkönnen."

Aber Menschen streben nach Selbstentfaltung und sind auf der Suche nach Sinn und Bedeutung. Wenn die Bedingungen es zulassen und ihr Streben und Suchen erfolgreich verläuft, dann sind sie von innen heraus motiviert und müssen nicht ständig mit Bonuszahlungen „bei der Stange" gehalten werden. Oft wird ganz einfach deshalb noch im „old school"-Stil geführt, weil es so verlangt wird. Wenn Sie zu denjenigen gehören, die gerne anders führen würden – und davon gehe ich aus, sonst hätten Sie dieses Buch nicht gekauft –, sind Sie übrigens nicht allein:

Laut der Studie „Führungskultur im Wandel" der INQA „Initiative Neue Qualität der Arbeit" aus September 2014 sind 77 Prozent der deutschen Führungskräfte unzufrieden damit, wie Führung praktiziert wird. Sie bemängeln, dass die gängige Führungspraxis den heutigen und noch weniger den künftigen Anforderungen in keiner Weise entspricht. Sie wünschen sich Führung anders – nämlich kooperativer, offener, die Mitarbeiter mehr beteiligend – und tragen dennoch das herkömmliche System eher notgedrungen mit. Prof. Dr. Peter Kruse, Geschäftsführer des durchführenden Forschungsinstituts, der nextpractice GmbH, sieht Führungskräfte gar als „Gefangene eines Zwangsapparates". Und Thomas Sattelberger, ehemaliger Telekom-Personalvorstand und Themenbotschafter der INQA, bezeichnet Führungskräfte als „Gefangene eines Systems, das sie selbst nicht geschaffen haben" und meint, dass man ihnen nicht vorwerfen könne, das Ruder noch nicht herumgerissen zu haben.

Der transformationale Führungsstil unterstützt das Rudern in die richtige Richtung. Erfahren Sie jetzt, was dieser Führungsstil beinhaltet.

„old school"-Führungsstil	New Leadership, transformationaler Führungsstil
Anweisen und kontrollieren	Durch eine verheißungsvolle Vision motivieren und inspirieren
Macht erhalten	Empowerment der Mannschaft
Gehorsam verlangen	Commitment erzielen, Mitarbeiter „ins Boot holen"
Vertragliche Verpflichtungen betonen	Für überdurchschnittlichen Einsatz gewinnen
Distanz und Rationalität	Persönliche Beziehung, Emotion, Empathie
In Routine und „Das war schon immer so" verharren	Veränderung und Innovation fördern
Reaktives Verhalten in Change-Prozessen	Proaktives Verhalten in Change-Prozessen

Die vier Bausteine des transformationalen Führungsstils

Transformationale Führung entsteht nach den US-Wissenschaftlern Prof. Bernard Bass und Prof. Bruce Avolio aus den vier Bausteinen:

- Idealisierter Einfluss (idealized influence)
- Inspirierende Motivierung (inspirational motivation)
- Intellektuelle Stimulierung (intellectual stimulation)
- Individuelle Mitarbeiterorientierung (individual consideration)

1. Idealisierter Einfluss

Transformationale Führungskräfte

- sind Vorbilder für ihre Mitarbeiter, weil sie sich vorbildlich verhalten und hohen moralischen Ansprüchen gerecht werden,
- erfüllen selbst all die Erwartungen, die sie auch an ihre Mitarbeiter haben und
- sind bereit, Risiken einzugehen, um Chancen zu nutzen,

- handeln beständig statt willkürlich, man kann sich auf sie verlassen,
- zeigen in hohem Maße ethisches und moralisches Verhalten und
- außergewöhnliche Ausdauer und Entschlusskraft,
- sind fachlich gut,
- verpacken ihre Botschaften einfallsreich, emotional und anregend und
- engagieren sich mit ihrer ganzen Persönlichkeit.

Dafür bekommen sie das volle Vertrauen, den Respekt und die Bewunderung ihrer Mitarbeiter. Dieser Baustein der transformationalen Führung hat erwiesenermaßen den stärksten Effekt auf die Mitarbeiterzufriedenheit und die Führungseffektivität.

2. Inspirierende Motivierung

Transformationale Führungskräfte

- motivieren und inspirieren durch eine verheißungsvolle Vision, die sie zielorientiert und mit Begeisterung vorantreiben und dabei ihre Mitarbeiter einbeziehen, damit diese sich damit identifizieren können,
- formulieren, wie die Vision erreicht werden kann, drücken ihre Zuversicht und ihr Vertrauen in die Fähigkeiten und die Motivation ihrer Mitarbeiter aus und stecken sie mit ihrer Begeisterung an,
- machen den Mitarbeitern die besondere Bedeutung ihrer Arbeit bewusst, befriedigen damit deren Bedürfnisse nach Anerkennung, Status und Selbstverwirklichung und unterstützen so die Entwicklung und Entfaltung der Potenziale und der Persönlichkeit der Mitarbeiter,
- fordern ihre Mitarbeiter durch anspruchsvolle Ziele heraus,
- vermitteln Sinn und Zuversicht und
- sorgen für Teamgeist,
- haben hohe Erwartungen an sich selbst und an ihre Mitarbeiter,
- demonstrieren ihr Commitment zu den Unternehmenszielen und zu der geteilten Vision und
- zeigen ein hohes Maß an Begeisterung und Optimismus bei der Aufgabenerledigung.

3. Intellektuelle Stimulierung

Transformationale Führungskräfte

- ermutigen ihre Mitarbeiter, über alte Probleme auf neue Art und Weise nachzudenken, und geben Spielräume für die eigenständige Suche nach der bestmöglichen, auch ungewöhnlichen Lösung eines Problems,
- erlauben und fordern von den Mitarbeitern die eigenständige Problemlösung,
- ermutigen sie, Gewohnheiten, Regeln, Werte und Verfahrensweisen auf ihren Sinn nach Berechtigung kritisch zu hinterfragen,
- delegieren anspruchsvolle und komplexe Aufgaben, für deren Lösung die Mitarbeiter neue und ungewohnte Perspektiven einnehmen müssen,
- fordern ihre Mitarbeiter auf, radikale und originelle Ideen und Meinungen zu entwickeln und unkonventionelle Wege der Problemlösung zu finden,
- bestärken kreative Anstrengungen,
- tolerieren mögliche Fehler, die bei der Anwendung von neuen, innovativen Ansätzen dazugehören,
- besprechen mit ihren Mitarbeitern, welche Chancen und Risiken im Unternehmen bestehen,
- entwickeln ihre Mitarbeiter zu transformationalen Führungskräften,
- messen den Erfolg ihrer Führungsarbeit daran, wie gut die Mitarbeiter ohne sie zurechtkommen,
- analysieren Probleme und Lösungen regelmäßig mit ihren Mitarbeitern,
- ermutigen ihre Mitarbeiter, Problemstellungen spielerisch und unvoreingenommen anzugehen,
- bringen selbst originelle Ideen und ungewöhnliche Perspektiven ein und stimulieren damit ihre Mitarbeiter, das Gleiche zu tun,
- geben sich nicht mit der erstbesten Lösung zufrieden.

4. Individuelle Mitarbeiterorientierung

Transformationale Führungskräfte

- sind Mentor und Coach und gehen auf die unterschiedlichen Stärken und Wünsche ihrer Mitarbeiter ein,
- bieten ihren Mitarbeitern immer wieder neue Lern- und Erfahrungsmöglichkeiten, um deren Potenziale gezielt weiterzuentwickeln,
- hören ihren Mitarbeitern gut zu und kennen und beachten die persönliche Leistungsfähigkeit und die Weiterentwicklungswünsche ihrer Mitarbeiter,
- delegieren individuell passende Aufgaben, die den jeweiligen Mitarbeiter herausfordern, aber nicht überfordern,
- beurteilen regelmäßig die Fortschritte, um zukünftige Entwicklungsmaßnahmen darauf abzustimmen,
- geben das nötige Maß an individueller Unterstützung und Hilfestellung,
- haben hohe Leistungserwartungen und drücken damit ihr Vertrauen in die Fähigkeiten der Mitarbeiter aus,
- zeigen Verständnis für die Bedenken der Mitarbeiter und machen ihnen gegebenenfalls Mut,
- arbeiten intensiv (eins zu eins) mit ihren Mitarbeitern zusammen, um die individuellen Bedürfnisse zu identifizieren, und
- fördern die Kooperation im Team.

Überblick über die 4 Bausteine

Idealisierter Einfluss	Inspirierende Motivierung	Intellektuelle Stimulierung	Individuelle Mitarbeitermotivierung
Vorbild sein	Über eine faszinierende Vision motivieren	Alte Denkmuster aufbrechen	Jeden Mitarbeiter individuell fördern und entwickeln
Moralische Integrität: hohes Maß an ethischem und moralischem Verhalten zeigen	Klare und herausfordernde Erwartungen an die Mitarbeiter kommunizieren	Neue Einsichten vermitteln	Vertrauen in die Fähigkeiten des Mitarbeiters zeigen, anspruchsvolle Aufgaben delegieren

Idealisierter Einfluss	Inspirierende Motivierung	Intellektuelle Stimulierung	Individuelle Mitarbeitermotivierung
Hohes Maß an Begeisterung und Optimismus bei der Aufgabenerledigung zeigen	Den Sinn und die Bedeutung der gemeinsamen Ziele und Ideale verdeutlichen	Die Mitarbeiter zu transformationalen Führungskräften entwickeln	Regelmäßig die Fortschritte beurteilen und Feedback geben
Commitment zu den Unternehmenszielen und der vermittelten Vision demonstrieren	Zug statt Druck: ermöglichen, motivieren und inspirieren statt Druck ausüben	Zu eigenständigen Problemlösungen ermutigen	Individuelle Lern- und Erfahrungsmöglichkeiten zur Entwicklung der Mitarbeiterpotenziale bieten
Selbst die Erwartungen erfüllen, die Sie an Ihre Mitarbeiter stellen		Kritische Diskussionen zur Verbesserung der Arbeitsprozesse anregen	
Außergewöhnliche Ausdauer und Entschlusskraft zeigen		Alte Denkmuster aufbrechen	
In den Augen der Mitarbeiter fachlich sehr gut dastehen		Neue Einsichten vermitteln	
Beständiges Verhalten ohne Willkürlichkeiten zeigen		Die Mitarbeiter zu transformationalen Führungskräften entwickeln	
Verlässlich sein		Zu eigenständigen Problemlösungen ermutigen	
Risikobereit sein, um Chancen zu nutzen		Kritische Diskussionen zur Verbesserung der Arbeitsprozesse anregen	

Was kann der transformationale Führungsstil?

Was mich an diesem Führungsstil begeistert, ist, dass er nicht nur nachweislich die Gesundheit Ihrer Mitarbeiter stärkt, sondern darüber hinaus auch Sie selbst und Ihr Unternehmen erfolgreicher macht. Und er wirkt kulturübergreifend, wie unter anderem die von Robert J. House initiierte GLOBE-Studie (Global Leadership and Organizational Behavior Effectiveness Program) zeigt: 70 Forscher aus 62 verschiedenen Ländern befragten 17.300 Manager aus 951 Organisationen der Finanz-, Lebensmittel- und Telekommunikationsbranche. Das Ergebnis: Transformationale Führung ist ein universell erwünschtes und von allen Kulturen als effektiv bewertetes Führungsverhalten.

Neben der Stärkung der psychischen Gesundheit der Mitarbeiter kann der transformationale Führungsstil also noch mehr: Transformationales Führungsverhalten führt im Vergleich zu anderen Führungsstilen nachweisbar zu

- besseren wirtschaftlichen Erfolgen im Unternehmen,
- mehr Leistungsbereitschaft im Team,
- besseren persönlichen Beziehungen,
- geringeren Fluktuationsraten,
- weniger Fehlzeiten,
- geringerem Krankenstand,
- einer größeren Mitarbeiterzufriedenheit,
- mehr Kreativität und Innovation,
- besserer Zielerreichung,
- einer persönlichen Weiterentwicklung der Mitarbeiter,
- einer höheren Loyalität und Vertrauen zur Führungskraft,
- reduziertem Stresserleben,
- einer niedrigeren Burn-out-Rate,
- mehr Motivation,
- Commitment der Mitarbeiter für einschneidende Veränderungsprozesse.

Risiken der transformationalen Führung

Das Leben hat etwas von einer Medaille: Es gibt gute Aspekte auf der schönen Vorderseite und weniger schöne auf der Rückseite. Auf der Vorderseite der Medaille des transformationalen Führungsstils steht, dass er Ihre Mitarbeiter stärken, deren Leistungskraft, Engagement und Motivation steigern und zu höherem Output führen wird. Aber seien Sie sich des Risikos bewusst, das auf der Rückseite der Medaille zu finden ist: Transformationales Führungsverhalten kann eine Abhängigkeit der Mitarbeiter von ihrer Führungskraft bewirken. Und dann ist es aus mit dem Traum vom starken Mitarbeiter! Das Risiko der Abhängigkeit steigt, wenn die Führungskraft Narziss ist.

Abhängigkeit der Mitarbeiter

Was meine ich mit „Abhängigkeit“? Psychoanalytische Theorien erklären die Entwicklung von Abhängigkeit so: Als kleine Kinder haben wir alle geglaubt, unsere Eltern wären allmächtig und perfekt. Das daraus resultierende Gefühl von absolutem Schutz und Sicherheit geht im Laufe des Lebens verloren, aber die (unbewusste) Suche nach diesem verlorenen Paradies geht weiter und der Wunsch, diesen Kindheitszustand inklusive der „Verschmelzung“ mit den Eltern wiederherzustellen, bleibt bestehen. Vor allem dann, wenn es im Verlauf der Erziehung nicht gelungen ist, dem Kind den Glauben an seinen Wert und an sein Können mitzugeben.

Ein abhängiger Mensch ist ein Erwachsener, der sich verhält wie ein Kind. Aus dem kindlichen Wunsch nach Identifikation mit Personen, die man für fähiger und stärker als sich selbst hält, projiziert er seine Ideale, Wünsche oder Fantasien auf eine andere Person und nutzt diese unbewusst wie eine weiße Leinwand, auf die sein Wunschfilm übertragen wird, der mit der Wirklichkeit meist nicht viel zu tun hat.

Mitarbeiter diesen Typs halten ihre Führungskraft im übertriebenen Maße für außerordentlich und herausragend und sehen in ihr ein verehrungswürdiges Vorbild. Gerade transformationale Führungskräfte können in ihrer Eigenschaft als Autoritätsperson und Vorbild versehentlich diesen kindlichen Zustand beim Mitarbeiter wiederherstellen. Durch die starke Identifikation mit ihren Führungskräften, die sich aus dem transformationalen Führungsstil ergibt, entwickelt sich eine emotional geprägte Beziehung zwischen diesen und den Mitarbeitern. Und die führt dann zur nicht gewollten Abhängigkeit, wenn sich der Mitarbeiter aus den oben beschriebenen Gründen von seinem Vorgesetzten die Stärkung seines Selbst erhofft, die in seiner Kindheit nicht gelungen ist. Diese kindliche Hoffnung beinhaltet Ideen wie, dass durch die enge Bindung die besonderen Eigenschaften der bewunderten Führungskraft auf sie selbst „abfärben“ würden. Aus der starken Fokussierung auf die Führungskraft in Kombination mit der beschriebenen emotionalen Beziehung kann sich die Abhängigkeit der Mitarbeiter ergeben. Möglicherweise sehen Sie diesen Aspekt als Randthema, der in der Praxis nur selten vorkommt? Mitnichten! Deshalb ist es gut, wenn Sie Abhängigkeitstendenzen bei Ihren Mitarbeitern erkennen und entsprechend gegensteuern können.

Woran erkennen Sie, dass Ihre Mitarbeiter ungesund abhängig sind?

Abhängige Menschen haben ein sehr stark ausgeprägtes Bedürfnis nach Anerkennung und Unterstützung, weil sie sich selbst als unterlegen und untauglich wahrnehmen. Eine ungesund abhängige Führungskraft-Mitarbeiter-Beziehung ist charakterisiert durch vier Aspekte:

- Der Vorgesetzte wird vom Mitarbeiter für „übermenschlich“ gehalten.
- Mitarbeiter vertrauen den Aussagen ihrer Führungskraft „blind“.
- Sie gehorchen bedingungslos den Anweisungen des Vorgesetzten.
- Sie geben ihrem Leader uneingeschränkte und bedingungslose Unterstützung.

Der Kontakt zu einer verehrten Person, der man viel Einflussmöglichkeiten und Macht zutraut, stärkt das Selbstbewusstsein der Mitarbeiter, und sie fühlen sich mehr wert als ohne diesen Kontakt. Sie übernehmen unreflektiert deren Ziele, Werte und ethische Vorstellungen und kopieren ihr Verhalten.

Alles bleibt an Ihnen hängen

Das Problem der Abhängigkeit liegt darin, dass es so weit gehen kann, dass die Mitarbeiter nur noch dann wirklich produktiv sind, wenn die Führungskraft zumindest virtuell greifbar ist. Sobald sie in Urlaub, auf Geschäftsreise, krank oder aus sonstigen Gründen nicht ansprechbar ist, bricht die Leistung der Mitarbeiter ein. Sie können dann nichts mehr ohne sie tun. Aber selbst wenn sie vor Ort ist, neigen abhängige Mitarbeiter dazu, sich gedanklich zurückzulehnen – nach dem Motto: „Mein Chef macht das schon." Sicher können Sie sich vorstellen, dass es Ihnen die tägliche Arbeit nicht gerade erleichtert, wenn Ihre Mitarbeiter nicht (mit)denken!

Abhängige Mitarbeiter neigen außerdem mehr als andere dazu, Ihnen gefallen und sich mit allen Mitteln Ihre Sympathie erhalten zu wollen.

Sie reden Ihnen, Ihrem Chef, nach dem Mund und tun nur das, was Ihnen gefallen könnte – sie werden Sie noch nicht einmal dann auf drastische Fehler hinweisen, wenn diese ein wichtiges Projekt zum Scheitern verurteilen könnten. Gar nicht gut für Sie und Ihre Karriere! In der Folge müssen Sie ständig nachsteuern, für alles selbst Lösungen finden und das Gros an Verantwortung übernehmen. Arbeitserleichterung sieht anders aus!

Narzisstische Führungskräfte „züchten" abhängige Mitarbeiter

Das Risiko, abhängige Mitarbeiter zu bekommen, kann zusätzlich verschärft werden, wenn die transformationale Führungskraft narzisstische Tendenzen zeigt. Unter „Narzissmus" versteht man die Liebe zur Selbstdarstellung und das übermächtige Verlangen, von anderen bewundert zu werden, entstanden aus dem übersteigerten kindlichen Bedürfnis nach Spiegelung – also aus dem Wunsch heraus, dass die eigenen Äußerungen und Handlungen wahrgenommen, beachtet und möglichst hoch geschätzt werden.

Wir alle haben solche Anteile, das ist vollkommen normal. Führungskräfte sind allerdings besonders gefährdet, diese Anteile in überdurchschnittlichem Ausmaß zu entwickeln. Ähnlich wie in meiner Branche der Consultants,Trainer, Redner und Coaches ist häufig der Wunsch, Beachtung und Bewunderung zu erfahren, einer der Gründe, die Rolle eines Menschen zu wählen, der anderen „etwas zu sagen hat".

„Pseudotransformationale" Führung durch narzisstische Vorgesetzte

Der Wunsch, eher Gestalter als Befehlsempfänger und rein ausführendes Organ zu sein, ist absolut in Ordnung. Dieser Wunsch sollte aber zumindest bewusst und reflektiert sein. Unter anderem aus diesem Grund haben Sie sich im vorigen Kapitel so gründlich mit sich und Ihrer Innenwelt beschäftigt. Denn wenn es im inneren Motor und in seiner Stromzufuhr „hakt", wenn es also beispielsweise an einem stabilen Selbstbewusstsein mangelt und die verzweifelte Suche nach Personen, die den eigenen Fähigkeiten ausreichend Beachtung und Bewunderung schenken, im Vordergrund steht, dann wird es kritisch.

Denn das Bedürfnis nach Spiegelung bei der Führungskraft und das Bedürfnis nach Idealisierung bei den Mitarbeitern ergänzen und verstärken sich gegenseitig und vergrößern damit den Narzissmus der Führungskraft genauso wie die Abhängigkeit der Mitarbeiter von der Führungskraft. Dann wird es zum pseudotransformationalen Führungsstil. Diese Art der Führung hat dann nicht mehr die guten Effekte der transformationalen Führung.

Narzisstische Führungskräfte neigen stärker als andere Menschen dazu, ihre negativen Persönlichkeitseigenschaften zu leugnen, ihre Kompetenzen zu überschätzen, Schwachstellen ihrer Visionen zu übersehen und Kritik an der eigenen Person oder an den eigenen Ansichten nicht zu tolerieren. Das wird für Sie spätestens nach der Erarbeitung der Inhalte des letzten Kapitels kaum noch ein Thema sein, denn Ihr Motor ist Ihnen bewusst und der Strom fließt, wie er soll. Und das ist gut so.

Denn zum gesundheitsförderlichen Führungsverhalten wird der transformationale Führungsstil nur dann, wenn er moralische Absichten und Wertvorstellungen verfolgt, die das Wohlergehen und die Förderung der Mitarbeiter zum Ziel haben, und übergeordneten Zielen des Unternehmens verpflichtet ist. „Pseudotransformational" und damit schädlich wäre unethisches Führungsverhalten, das nur die eigenen Interessen und Ziele verfolgt, in erster Linie nach Vergrößerung von Macht strebt, keinerlei Rücksicht auf die Bedürfnisse der Mitarbeiter nimmt und bedingungslosen Gehorsam einfordert.

Oder wie Pater Anselm Grün in seinem „Buch der Lebenskunst“ einmal sehr richtig bemerkte: „Wer Verantwortung für andere hat, kann sie auf verschiedene Weise wahrnehmen. Er kann andere klein machen, damit er an seine eigene Größe glauben kann. Er kann abhängige Menschen um sich sammeln, deren einzige Aufgabe es ist, den Chef zu bewundern. Doch von Bewunderungszwergen wird nichts Kreatives ausgehen.“ Und mit „Bewunderungszwergen“ können Sie die Herausforderungen der VUKA-Arbeitswelt nicht meistern.

Pseudotransformationale versus transformationale Führung

Pseudotransformationale Führung	Echte transformationale Führung
Auf den Zuwachs von Macht, Ansehen und Erfolg der Führungskraft konzentriert	Auf die Entwicklung der Mitarbeiter und des Unternehmens konzentriert
Fokussiert auf Bewunderung der Mitarbeiter	Fokussiert auf Ziele und Bedürfnisse der Mitarbeiter und des Unternehmens
Die Mitarbeiter bleiben oder werden „abhängig“	Die Mitarbeiter entfalten ihre Potenziale, können selbstständig arbeiten
Die Mitarbeiter identifizieren sich ausschließlich mit der Führungskraft als Person	Die Mitarbeiter identifizieren sich außer mit ihrer Führungskraft auch mit den Zielen und Werten ihres Arbeitsbereichs
Vorgaben werden von den Mitarbeitern kritiklos befolgt	Das Hinterfragen von Vorgaben zum Zwecke der Verbesserung von Prozessen ist selbstverständlich

Voraussetzungen für wirkungsvolles Führen im transformationalen Stil

Inspirieren Sie

Als transformationale Führungskraft inspirieren Sie Ihre Mitarbeiter mit einer Vision davon, was mit großen gemeinsamen Anstrengungen erreicht werden könnte. Wenn sich Ihre Mitarbeiter mit dieser Vision identifizieren können, investieren sie viel Vertrauen in diese und in Sie als Person. Es fühlt sich gut an, bewundert und verehrt zu werden. Das Ziel wahrer transformationaler Führung ist es aber, „Anhänger" zu „Führern" weiterzuentwickeln und deren weitestgehend unabhängiges Verhalten zu erreichen.

Die Inspiration der Mitarbeiter ist auch ohne die Identifikation mit Ihnen möglich: Entwickeln Sie eine Vision zu dem, was möglich wäre, wenn alle an einem Strang ziehen, und erklären Sie, wie man dorthin kommt! Zeigen Sie Ihre Zuversicht, den Sinn und Wert der Aufgabe und machen Sie Ihre Ziele transparent. Wählen Sie eine Vision, die auf positiven Werten und ethischen Prinzipien wie Fairness, Gerechtigkeit, Ehrlichkeit und Loyalität gründet, und gehen Sie selbst als Vorbild für diese Werte voraus. Zeigen Sie Mut und Verantwortungsgefühl, wenn es schwierig wird, und lassen Sie Ihre Mitarbeiter selbst beurteilen, was sie von Ihren Wertvorstellungen halten. Beziehen Sie Ihre Mitarbeiter in Entscheidungen mit ein und achten Sie auf die Übereinstimmung Ihrer Worte und Werke.

Machen Sie sich selbst überflüssig

An diesem Punkt trennt sich die Spreu vom Weizen, da schon ein gerüttelt Maß an menschlicher Größe vorhanden sein muss, um darin nicht eine Bedrohung der eigenen Position zu sehen. Die besten Arbeitsergebnisse erreichen langfristig sozial orientierte Führungskräfte, die für eine größere Autonomie der Mitarbeiter sorgen, zu deren Fortentwicklung ermutigen und sie individuell fördern. Die erfolgreichsten Führungskräfte gehen bewusst das Risiko ein, sich selbst überflüssig zu machen und ersetzt zu werden. Als Gewinn bekommen sie dafür Mitarbeiter, die in der Lage sind, maßgeblich zu der Umsetzung der Vision und dem Erreichen der Ziele der Führungskraft beizutragen.

Überzeugen Sie durch Ihr Vorbild

Die Unterstützung ihrer Mitarbeiter gewinnen transformationale Führungskräfte nicht durch Zwang oder Manipulation, sondern durch überzeugende Argumente und persönliches Vorbild. Statt einer einfachen Abmachung „Du bekommst x, wenn du y tust" steht dabei das Vertrauen im Vordergrund, dass der Mitarbeiter sein Bestmögliches tun wird, weil er weiß, was er soll, und weil er zeigen will, was er kann.

Damit transformationale Führung die beschriebenen positiven Effekte erzielen kann, muss sie zwei Grundvoraussetzungen berücksichtigen: Sie muss das Wohlergehen der Mitarbeiter und des Unternehmens im Blick haben und sich auf von allen geteilte Werte stützen. Das reine Austauschverhältnis der transaktionalen Führung muss durch eine kooperative Beziehung ersetzt werden, die von Wohlwollen und Fürsorge geprägt ist und allen Parteien Nutzen stiftet.

Das Beste aus zwei Führungsstilen

Transaktionale Führung basiert auf einer materiellen Austauschbeziehung, in der klare Erwartungen und Ziele formuliert werden und bei Erfüllung entsprechend belohnt werden. Durch äußere Anreize wird die extrinsische Motivation der Mitarbeiter gefördert, also die Art von Motivation, die durch Boni und Ähnliches in Gang gehalten wird. Dieser Führungsstil funktioniert gut bei Routineaufgaben und bei Tätigkeiten, die keiner gerne macht, und ist die Basis für den darauf aufbauenden transformationalen Führungsstil.

Warum reicht transaktionale Führung alleine nicht aus?

Jede Führungskraft zeigt sowohl transaktionale als auch transformationale Verhaltensweisen – allerdings in unterschiedlicher Gewichtung. Man könnte auch sagen: Ohne transaktionale Führungselemente kommt keine Führungskraft aus. Denn der transaktionale Prozess, in dem die Führungskraft deutlich macht, was der Mitarbeiter zu tun hat, um belohnt zu werden, ist ein wesentlicher Bestandteil effektiver Führung. Starke Mitarbeiter und wirklich gute Ergebnisse bekommen Sie aber nur, wenn Sie transaktionale Führung mit transformationalen Führungsverhaltensweisen krönen, denn dieses Führungsverhalten verstärkt den transaktionalen Führungsstil und sowohl die Ziele der Führungskraft als auch der Mitarbeiter und des gesamten Unternehmens werden so besser erreicht.

Obwohl transformationale Führungskräfte auch transaktional handeln können und – falls erforderlich – auch müssen, bewirkt der transaktionale Führungsstil, wenn er ausschließlich angewendet wird, eine geringere Performance und eignet sich eher für einfache Aufgaben oder für schwächere Veränderungen. Vor allem dann, wenn die Führungskraft stark auf passives Management by Exception setzt und nur dann eingreift, wenn Probleme auftauchen und Fehler passieren. Die Androhung von Disziplinarmaßnahmen ist noch weniger wirkungsvoll, um ein Team zu mehr Leistung zu bewegen, und ist langfristig meist kontraproduktiv. Die Konzentration auf Fehlervermeidung ist wichtig für effektive Führung. Wenn jedoch der Fokus ausschließlich auf dem Ausmerzen von Fehlern liegt, werden Gesundheit und Leistungskraft der Mitarbeiter darunter leiden.

Spätestens in Zeiten des Wachstums, des Wandels und der Krise braucht es zusätzlich transformationales Führungsverhalten.

Was transformationale Führung zusätzlich bietet

Das Ziel der transformationalen Führung besteht darin, dass Mitarbeiter ein Aufgabengebiet selbstständig und voller Elan bearbeiten, weil es sie im Inneren interessiert und weil sie es als Beitrag zu ihrer eigenen fachlichen und persönlichen Weiterentwicklung sehen und deshalb gerne tun möchten. So hat sich dann eine wahre Transformation ergeben. Ein intrinsisch motivierter Mitarbeiter muss nicht ständig mit „Schmerzensgeld" über seine Tätigkeit hinweggetröstet werden, denn er ist von der Wichtigkeit dessen, was er tut, überzeugt und verpflichtet sich selbst, den Weg auch dann noch mitzugehen, wenn er steinig wird.

Transformationale Führung gründet auf einer persönlichen Beziehung zu den Mitarbeitern, beteiligt sie und bezieht ihre individuellen Bedürfnisse mit ein. Sie verdeutlicht Sinn und Wert des eingeschlagenen Weges, gibt den Mitarbeitern Gestaltungsspielräume, sich mit eigenen Ideen für die Ausgestaltung des Wegverlaufs einzubringen, und ermutigt zu kreativen Lösungsstrategien, selbst wenn dabei unvermeidliche Fehler passieren. Dabei ist die transformationale Führungskraft ein inspirierendes und glaubwürdiges Vorbild, die ihr Handeln an Werten ausrichtet und selbst das tut, was sie erwartet. Mit ihrer Begeisterung und Zuversicht reißt sie andere mit, erzeugt auch in scheinbar ausweglosen Situationen Aufbruchstimmung, holt Skeptiker an Bord und vermittelt ihren Mitarbeitern ein Gefühl des Stolzes, dabei zu sein. Daraus ergibt sich ein innerer Antrieb, eine innere oder intrinsische Motivation, aus der heraus die Mitarbeiter bereit sind, „die eine Meile mehr" zu gehen und mehr zu tun, als sie selbst für möglich gehalten hätten. Der transformationale Führungsstil eignet sich gerade für die Umsetzung von komplexen Veränderungsprozessen und zeigt in Zeiten dynamischen Wandels deutlich höhere Wirkung als der transaktionale Führungsstil. Erst in der Kombination der beiden Führungsstile fördern Sie die Resilienz und die Produktivität Ihrer Mitarbeiter optimal.

Transaktionale Führung fügt sich in eine vorhandene Unternehmenskultur ein und passt sich an, die transformationale Führungskraft setzt sich dafür ein, sie zum Besseren zu verändern.

Der resilienzorientierte Führungsstil

Je nachdem, wie viel transformationales Führungsverhalten Sie schon zeigen und wie gut das Vertrauensverhältnis zu Ihren Mitarbeitern schon ist, müssen Sie sich möglicherweise den einen oder anderen Aspekt der vier Bausteine des transformationalen Führungsstils zwar erst noch erarbeiten, schon mittelfristig wird Ihnen das Ihre Führungsaufgabe aber deutlich erleichtern und Ihre Ergebnisse verbessern. Kreativität, Selbstständigkeit, Flexibilität und Innovativität im Team werden steigen – und zwar deutlich stärker, als dies mit Aussicht auf eine noch so hohe Bonuszahlung (die Sie zudem vielleicht gar nicht ausloben können) je der Fall wäre.

Und: Ihre Mitarbeiter danken es Ihnen mit weniger Stresserleben, weniger Krankheitstagen und mehr innerer Zufriedenheit. Und falls das nicht jetzt schon der Fall ist, bekommen Sie eine Mannschaft, die Ihnen traut und mit Ihnen durch dick und dünn geht.

Die Abbildung zeigt ein optimales Verhaltensprofil für eine Führungskraft. Sie sehen an der Größe der Quadrate, wie häufig die einzelnen Führungskomponenten angewendet werden sollten und in welchem Maße der jeweilige Führungsstil (horizontale Achse) Einfluss auf die Leistungsfähigkeit der Mitarbeiter nimmt (vertikale Achse).

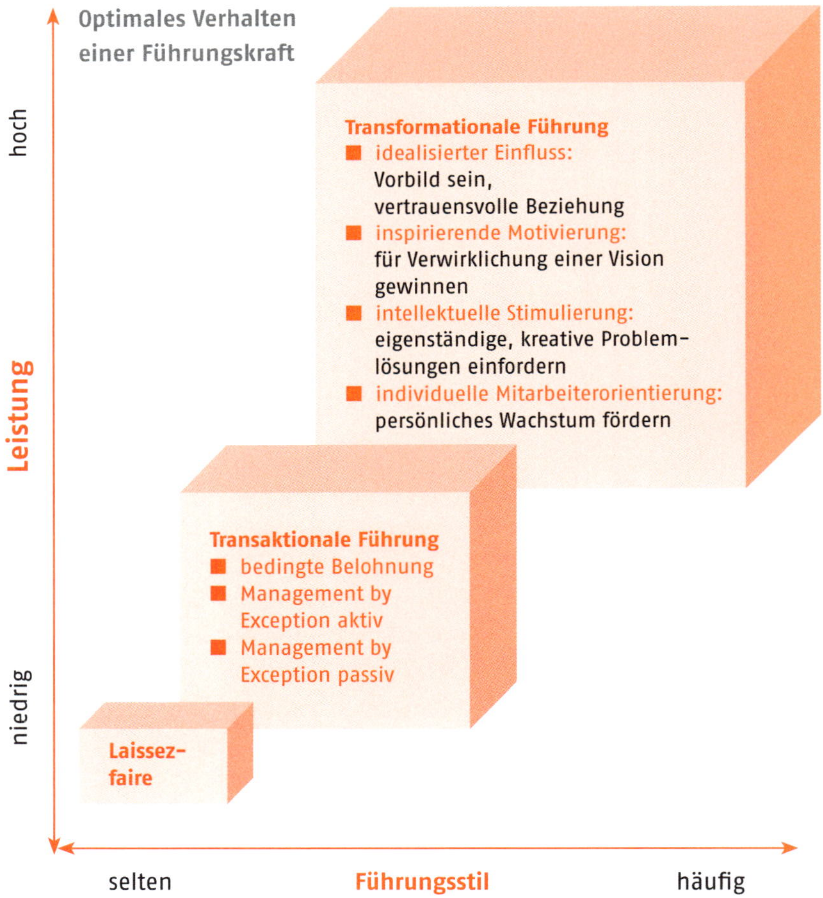

Im Idealfall führt eine Führungskraft also am häufigsten transformational, gefolgt von transaktionalem Führungsverhalten in der Reihenfolge bedingte Belohnung und Management by Exception aktiv und als Letztes Management by Exception passiv. „Laissez-faire"-Verhaltensweisen sind am wenigsten effektiv und sollten so wenig wie möglich angewendet werden.

Wie sieht es bei Ihnen aus? Wie, vermuten Sie, bewerten Ihre Mitarbeiter Ihr Führungsverhalten? Sind Sie schon ein „New Leader" auf dem Königsweg? Reflektieren Sie Ihr Führungsverhalten anhand der folgenden Fragen.

Der resilienszorientierte Führungsstil

Bitte beantworten Sie die folgenden Fragen, indem Sie gedanklich die Perspektive Ihrer Mitarbeiter einnehmen und aus deren vermuteten Sicht heraus jeweils ein „Ja" oder „Nein" ankreuzen. Wenn Sie glauben, dass einige Mitarbeiter Nein, andere Ja sagen würden, überlegen Sie bitte, welche Meinung wohl überwiegt, und entscheiden Sie sich dann im Sinne von „eher Ja" oder „eher Nein". Wenn also aus Ihrer Sicht die Mehrheit der Mitarbeiter „Ja" ankreuzen würde, dann kreuzen auch Sie ein „Ja" an.

Meine Chefin, mein Chef

1. setzt anspruchsvolle, aber erreichbare Ziele. ☐ Ja ☐ Nein
2. stärkt das Selbstvertrauen des Teams in die Erreichbarkeit von Zielen. ☐ Ja ☐ Nein
3. kritisiert Fehler sachlich und ohne dass Betroffene ihr Gesicht verlieren. ☐ Ja ☐ Nein
4. bezieht uns bei wichtigen Entscheidungen mit ein und ist an unserer Meinung interessiert. ☐ Ja ☐ Nein
5. löst Konflikte konstruktiv und ohne „verbrannte Erde" zu hinterlassen. ☐ Ja ☐ Nein

6. engagiert sich für stetige Verbesserungen in den Arbeitsabläufen, der Zusammenarbeit und in der Verwendung vorhandener Ressourcen. ☐ Ja ☐ Nein
7. ruht sich nicht auf den erworbenen „Lorbeeren" aus, sondern strebt nach Verbesserung der eigenen Leistung. ☐ Ja ☐ Nein
8. macht deutlich, woran man bei ihm/ihr ist. ☐ Ja ☐ Nein
9. fördert notwendige Innovationen. ☐ Ja ☐ Nein
10. sorgt dafür, dass alle die notwendigen Ressourcen haben. ☐ Ja ☐ Nein
11. achtet darauf, dass Verantwortlichkeiten geklärt und Kompetenzen eindeutig zugeordnet sind. ☐ Ja ☐ Nein
12. zeigt Risikobereitschaft, um Chancen zu nutzen. ☐ Ja ☐ Nein
13. hat Vertrauen in unsere Loyalität. ☐ Ja ☐ Nein
14. formuliert seine/ihre Erwartungen und Ziele klar und verständlich. ☐ Ja ☐ Nein
15. zeigt Verständnis, wenn jemand Fehler macht. ☐ Ja ☐ Nein
16. gibt uns „Rückendeckung", auch wenn etwas schiefläuft. ☐ Ja ☐ Nein
17. handelt nach den vom ihm/ihr propagierten Überzeugungen und Werten (Walk The Talk). ☐ Ja ☐ Nein
18. ist fachlich gut. ☐ Ja ☐ Nein
19. sorgt dafür, dass Schnittstellen wissen, was die zuarbeitenden Bereiche tun, und umgekehrt. ☐ Ja ☐ Nein
20. lässt Mobbing im Team nicht zu und sorgt für faires Verhalten im Team. ☐ Ja ☐ Nein
21. macht klar, wie jeder konkret zum Unternehmenserfolg beitragen kann. ☐ Ja ☐ Nein
22. feiert Erfolge und Fortschritte mit uns (mit „feiern" kann auch ein offizieller Dank gemeint sein). ☐ Ja ☐ Nein
23. sieht in seinem/ihrem Tun mehr als nur Geld verdienen, Anerkennung bekommen und Status aufbauen. ☐ Ja ☐ Nein
24. ist offen für Kritik und Lösungsvorschläge. ☐ Ja ☐ Nein
25. verteilt sinnvolle und inspirierende Aufgaben. ☐ Ja ☐ Nein

26. gibt konstruktives Feedback zu dem, was er/sie bei uns als Stärken und Schwächen empfindet. ☐ Ja ☐ Nein
27. behandelt Menschen unabhängig von ihrer hierarchischen Position respektvoll. ☐ Ja ☐ Nein
28. informiert uns regelmäßig und ausreichend über anstehende Veränderungen und wichtige Vorgänge. ☐ Ja ☐ Nein
29. vermittelt langfristige Ziele transparent und zeigt Teilziele auf. ☐ Ja ☐ Nein
30. ist zu 100 Prozent verlässlich, meint, was er/sie sagt, und hält Versprechen. ☐ Ja ☐ Nein
31. gibt uns allen das Gefühl, eingebunden und beteiligt zu sein. ☐ Ja ☐ Nein
32. interessiert sich für uns auch im persönlichen Bereich. ☐ Ja ☐ Nein
33. fördert Selbstverantwortung und Unternehmertum. ☐ Ja ☐ Nein
34. sieht die Zukunft insgesamt positiv und spricht eher von Chancen als von Risiken. ☐ Ja ☐ Nein
35. anerkennt und respektiert uns alle. ☐ Ja ☐ Nein
36. fördert die Entwicklung unserer persönlichen Kompetenzen, Fähigkeiten und Talente. ☐ Ja ☐ Nein
37. zeigt Aufstiegsperspektiven auf und unterstützt unsere Karriere. ☐ Ja ☐ Nein
38. gesteht Freiräume und Gestaltungsmöglichkeiten zu. ☐ Ja ☐ Nein
39. zeigt ein hohes Maß an Begeisterung und Optimismus bei der Aufgabenerledigung, ist meistens voller Energie und Tatendrang. ☐ Ja ☐ Nein
40. stimuliert Kreativität und Innovation im Team. ☐ Ja ☐ Nein
41. entwirft überzeugende und attraktive Zukunftsvisionen, spricht mit Begeisterung über das, was erreicht werden soll, und hat großes Vertrauen, dass die gesteckten Ziele erreicht werden. ☐ Ja ☐ Nein
42. macht Leistungskriterien transparent. ☐ Ja ☐ Nein
43. initiiert regelmäßig stattfindende Evaluationsprozesse. ☐ Ja ☐ Nein
44. ist für uns ein Vorbild. ☐ Ja ☐ Nein
45. beeindruckt und fasziniert uns durch seine/ihre Persönlichkeit. ☐ Ja ☐ Nein

46. stellt die eigenen Interessen zurück, wenn es um das Wohl der Gruppe geht. ☐ Ja ☐ Nein
47. verfügt über Fähigkeiten und Eigenschaften, die wir bewundern. ☐ Ja ☐ Nein
48. spricht mit uns über seine/ihre wichtigsten Überzeugungen und Werte. ☐ Ja ☐ Nein
49. verbringt ausreichend Zeit mit seiner/ihrer Führungsaufgabe und damit, uns weiterzuentwickeln. ☐ Ja ☐ Nein
50. berücksichtigt unsere Individualität und behandelt uns nicht nur als einen Mitarbeiter unter vielen. ☐ Ja ☐ Nein

Auswertung:

Je häufiger Sie „Ja" angekreuzt haben, umso mehr sind Sie schon auf dem Königsweg unterwegs. Schauen Sie sich jedes „Nein" an und überlegen Sie, wie Sie es in ein „Ja" verwandeln könnten. Suchen Sie sich im ersten Schritt diejenigen „Nein" aus, die Ihnen am leichtesten zu verwandeln erscheinen. Nehmen Sie sich nach und nach weitere „Neins" vor und verwandeln Sie diese. Beziehen Sie Ihre Mitarbeiter ein, fragen Sie sie nach ihrer Meinung dazu und holen Sie sich Ideen für Ihre weitere Vorgehensweise. Vielleicht kommt ja dann auch heraus, dass Ihre Mitarbeiter – anders, als von Ihnen eingeschätzt – mit diesem Punkt schon ganz zufrieden sind …

Und was sagen Ihre Mitarbeiter dazu?

Es nützt Ihnen ja nicht viel, wenn Sie zwar vermuten, dass Ihre Mitarbeiter bei Ihnen einen „königlichen" Führungsstil wahrnehmen, dies sich aber nicht in Ergebnissen niederschlägt. Anhand der folgenden Fragen können Sie quasi die Gegenprobe machen.

Welche Ergebnisse erzielen Sie mit Ihrem Führungsstil?

Erreichen Sie schon die Ergebnisse, die Sie mithilfe des optimalen Führungsstils erreichen können? Wenn Sie die folgenden Fragen jeweils im Großen und Ganzen mit „Ja“ beantworten können, dann kreuzen Sie „Ja“ auch an.
Bewerten Sie nun Ihre Mitarbeiter, Ihr Team anhand folgender Leitfragen:

Meine Teammitglieder

1. liefern nützliche Ideen und praktische Hilfe, um mich zu befähigen, meine Arbeit bestmöglich zu erledigen. ☐ Ja ☐ Nein
2. streben nach Leistungsexzellenz. ☐ Ja ☐ Nein
3. können untereinander mit Integrität und Verlässlichkeit rechnen. ☐ Ja ☐ Nein
4. teilen Normen und Werte bezüglich Qualitäts- und Leistungsstandards. ☐ Ja ☐ Nein
5. haben ein gemeinsames Verständnis von den Zielen, die zu erreichen sind. ☐ Ja ☐ Nein
6. identifizieren sich mit ihren Aufgaben. ☐ Ja ☐ Nein
7. sind sich mit mir gegebenenfalls über den Veränderungsbedarf der aktuellen Situation einig und ziehen mit. ☐ Ja ☐ Nein
8. übernehmen Verantwortung für die Erreichung der Ziele. ☐ Ja ☐ Nein
9. geben ihr Bestes. ☐ Ja ☐ Nein
10. teilen relevante Informationen. ☐ Ja ☐ Nein
11. glauben, dass Veränderungen machbar sind, trauen sich zu, Veränderungen (mit) gestalten zu können. ☐ Ja ☐ Nein
12. sind mir gegenüber absolut loyal. ☐ Ja ☐ Nein
13. sind mit Begeisterung bei der Sache. ☐ Ja ☐ Nein
14. bauen gegenseitig auf den Ideen der anderen auf, um das bestmögliche Ergebnis zu erzielen. ☐ Ja ☐ Nein

15. kooperieren, liefern und teilen Ressourcen, um sich gegenseitig zu helfen, neue Ideen umzusetzen. ☐ Ja ☐ Nein
16. sprechen in der Diskussion von Problemen und Aufgaben ihre problembezogenen Meinungsverschiedenheiten klar aus. ☐ Ja ☐ Nein
17. schlagen verschiedenartige Problemlösungsansätze vor. ☐ Ja ☐ Nein
18. stellen die Meinungen der anderen offen infrage. ☐ Ja ☐ Nein
19. führen Diskussionen von Problemen und Aufgaben oft sehr engagiert. ☐ Ja ☐ Nein
20. sind stolz auf ihre Zugehörigkeit zum Team. ☐ Ja ☐ Nein
21. entwickeln nicht nur Ideen, sondern setzen sie auch dann um, wenn dafür ein längerer Zeitraum benötigt wird und „Durststrecken" auftauchen. ☐ Ja ☐ Nein
22. zeigen hohes Engagement und sind regelmäßig bereit, bei Bedarf Zusatzaufgaben zu übernehmen. ☐ Ja ☐ Nein
23. setzen Ideen eigenständig um. ☐ Ja ☐ Nein
24. unterstützen sich gegenseitig. ☐ Ja ☐ Nein
25. können sich mit meiner Vision und meinen Zielen identifizieren. ☐ Ja ☐ Nein
26. ziehen an einem Strang. ☐ Ja ☐ Nein

Auswertung:

Wie zufrieden sind Sie mit dem Ergebnis nach dieser Kurzanalyse? Wie viele Jas haben Sie angekreuzt? Selbstverständlich gibt es hier individuell unterschiedliche Ergebnisse; jede Führungskraft sollte für sich reflektieren, welche Punkte persönlich für sie und ihr Team wichtig sind.

Identifizieren Sie dafür in einem zweiten Durchlauf maximal sieben der für Sie wichtigsten Punkte, die mit „Ja" beantwortet werden sollen. Zu diesen Punkten sollten Sie unbedingt mit Ihren Mitarbeitern ins Gespräch kommen. Machen Sie doch gleich beim nächsten Meeting Ihren Favoriten zum Thema und überlegen Sie gemeinsam, was verbessert werden könnte, z. B.: „Was müsste eurer Meinung nach passieren, damit wir alle besser an einem Strang ziehen?" Fragen Sie nach der Meinung der Mitarbeiter. Machen Sie dem Team transparent, dass diese Punkte wichtig für Sie sind und Sie hier Bedarf sehen, besser zu werden, dies aber gemeinsam mit dem Team angehen wollen.

Vision versus Realität?

Führen auf dem „Königsweg“ setzt als zentrales Element eine verheißungsvolle Vision voraus. Ich habe die Erfahrung gemacht, dass viele Führungskräfte die eine oder andere Schwierigkeit mit Visionen haben, und möchte Ihnen daher dazu noch etwas an die Hand geben.

Auf dem Weg zur Vision

In meinen Seminaren zum Thema dieses Kapitels höre ich häufig zwei Einwände immer wieder, beide verpackt in Form einer Frage.

Erstens: „Sagen Sie, Frau Maehrlein, ist das hier nur etwas für realitätsferne Gutmenschen oder kann man damit auch in der Praxis erfolgreich sein?“ Diese Frage stellt sich Ihnen hoffentlich nicht mehr, nachdem Sie ja nun im Text bis hierher gekommen sind.

Nachdem ich die teilnehmenden Führungskräfte davon überzeugen konnte, dass sich Erfolg und der „königliche“ Führungsstil nicht ausschließen, sondern sich im Gegenteil sogar bedingen, kommt dann irgendwann typischerweise etwas wie: „Also jetzt mal ehrlich, Sie reden von einer verheißungsvollen Vision, was soll es hier bei uns schon Dolles geben, aus dem sich eine solche Vision stricken lassen würde? Und wie soll das überhaupt konkret gehen?“

Fragen Sie sich das auch? Na, dann möchte ich Ihnen gerne bei der Klärung helfen.

Was gibt es bei uns schon Dolles?

Ehrlich gesagt, als ich zum ersten Mal mit diesem Teil der Frage konfrontiert wurde, war ich sprachlos. (Und das kommt bei mir selten vor.)

Denn erschrocken stellte ich mir meinerseits zwei Fragen: Wie soll eine Führungskraft, die ihr Unternehmen und ihre Arbeit „nicht so doll“ findet, ihre Mitarbeiter für mehr Einsatzbereitschaft und Loyalität gewinnen können? Und: Wie kann einer Führungskraft das nicht auffallen, dass da etwas nicht zusammenpasst? Schließlich wollten sie doch lernen, wie sie durch das eigene Führungsverhalten positiven Einfluss auf die Leistungsbereitschaft der Mitarbeiter nehmen – und deren Engagement steigern und ihre Loyalität gewinnen können. Das stand in der Einladung, deshalb waren sie (freiwillig!) gekommen.

Nach dem sich meine Schockstarre gelegt hatte und ich wieder klar denken konnte, fiel mir auf, dass es möglicherweise mit dem Wort „verheißungsvoll“ zusammenhängt, wenn manch einem erst einmal nichts einfällt, was „doll genug“ wäre, um verheißungsvoll genannt werden zu dürfen. Das wiederum kann ich je nach Branche und Arbeitsumfeld gut nachvollziehen. Im beschriebenen ersten Seminar ging es nämlich um: „Was bitte soll für unsere Müllfahrer eine verheißungsvolle Vision sein?“

Würde Ihnen dazu aus dem Stand heraus etwas einfallen? Sehen Sie ... Mir fällt dazu auf die Schnelle Folgendes ein: „Verheißungsvoll“ meint einfach: eine positive Darstellung der Zukunft, eine emotional aufgeladene Leitidee mit Zugkraft. Immer noch keine Idee? Das ist normal, denn: Eine Vision fällt einem nicht zwischen Tür und Angel gerade mal so ein! Sie entwickelt sich. Und zwar am besten in einem Prozess mit den Mitarbeitern zusammen. Dabei können einige Leitfragen helfen: „Was reizt meine Mitarbeiter, wofür stehen meine Müllwagenfahrer (um beim Beispiel zu bleiben) morgens auf und kommen zur Arbeit? Was ist das große Ganze, an dem sie teilhaben? Was lässt sie lebendig werden und mitdenken?“ So gefragt, findet sich eine passende Vision immer noch nicht einfach, aber doch schon leichter.

Eine nützliche Vision braucht also eine gewisse Entwicklungszeit und ist nichts von der Stange. Sie muss für Sie und Ihre Mitarbeiter passen. Nützlich und passend wird sie dann, wenn sie umsetzbar ist. Eine Vision ist keine Utopie! Die folgende Übung hat sich in vielen der von mir begleiteten Suchprozesse auf dem Weg zu einer wirkungsvollen Vision bewährt.

Übung: Too small, too big, appropriate

Stellen Sie sich einen Strich von links nach rechts vor. Am linken Ende ein Kästchen mit der Aufschrift „too small", am rechten Ende ein weiteres Kästchen beschriftet mit „too big". In der Mitte ein Quadrat, in dem „appropriate", also angemessen, passend oder geeignet, steht. So wie hier in der Grafik:

1. Überlegen Sie im ersten Schritt, welche Veränderungen Sie erzielen möchten. Denn darum geht es letztlich, wenn Sie mit einer Vision arbeiten: Sie möchten den Status quo verändern. Erste Anhaltspunkte dafür haben Sie mit den Tests zuvor bekommen.
2. Analysieren Sie, welche Veränderungsimpulse „too small" wären. Mit „zu klein" ist alles gemeint, was Ihre Mitarbeiter schon kennen, tausendmal gehört haben, sie langweilt und ermattet gähnen lässt.
3. Beschäftigen Sie sich gedanklich damit, was im Gegensatz dazu „too big", also zu groß wäre. Damit ist alles gemeint, was vor dem Hintergrund Ihrer Unternehmenskultur und der Art, wie Ihre Mitarbeiter ticken, zu „abgefahren", zu verrückt ist und zu weit entfernt von allem, was sie kennen und mögen. Beispiel: Bei einem sehr konservativen Versicherer hat einer meiner Mitbewerber mit Schatzkisten und Luftballons gearbeitet. In die Schatzkiste sollten von den Mitarbeitern symbolisch die Aspekte ihrer Arbeit gelegt werden, die sie beibehalten wollten, an die Luftballons sollten auf kleinen Kärtchen Wünsche an die Zukunft befestigt werden, um sie dann in den Himmel aufsteigen zu lassen. Die haben das zwar alles brav mitgemacht, aber als ich danach als Coach ins Unternehmen kam, hat mir nahezu jeder, der dabei war, im Vertrauen berichtet, wie affig und unpassend er das fand. Das war definitiv „too big" und hat statt Motivation nur passiven Widerstand entfacht.

4. Überlegen Sie, was in der Mitte zwischen den beiden Polen liegt und weder zu klein noch zu groß ist. Denn: Veränderungen im Verhalten Ihrer Mitarbeiter lassen sich ausschließlich im „Appropriate-Quadrat" erzielen.
5. Überprüfen Sie abschließend noch einmal gedanklich, ob Sie weder zu zaghaft und gewöhnlich, also too small, gedacht haben, noch too big, also zu sehr Ihrer Zeit voraus.

Wie Sie eine starke Vision „stricken"

Für den Fall, dass Sie sich noch nicht so richtig an die Entwicklung einer Vision herantrauen, möchte ich Ihnen noch einige Hinweise geben. Denn es lohnt sich, eine zu haben! Eine gute Vision ist Ihr stärkstes Führungswerkzeug, um die Leistungsbereitschaft Ihrer Mitarbeiter zu erhöhen, Ihre eigenen Kräfte zu bündeln und die Produktivität zu steigern!

Eine Vision beschreibt das langfristige Ziel des täglichen Tuns und funktioniert wie die Vorlage für ein Puzzle: Sie erhält den Fokus auf das, was jeweils zu tun ist, und sorgt für Orientierung. Selbst dann, wenn alles noch so VUKA ist.

Ohne Vorlage, wie sie eine Vision bereitstellt, bleibt den Mitarbeitern oft gar nichts anderes übrig, als im Blindflug Puzzleteilchen zusammenzusetzen, die aus den individuellen Interpretationen ihrer Vorstellung vom Ziel bestehen. Dann bekommen sie zwar zahlreiche irgendwie interessante Bilder, verfehlen aber ihr Ziel.

Folgende Punkte sollten Sie beachten, wenn Ihre Vision Wirkung entfalten soll:

1. Werte und Sinn als Basis:
Eine Vision visualisiert die Aufgabe und den Zweck der Unternehmenstätigkeit als Bild einer erstrebenswerten Zukunft, an der Ihre Mitarbeiter gern einen Anteil hätten. Eine Vision muss sowohl für Sie als auch für Ihre Mitarbeiter erstrebenswert sein, wenn Sie Ihre Mitarbeiter damit stärken und begeistern wollen. Sie muss außerdem einen erkennbaren

Nutzen für Ihre Leute haben und auf moralischen Werten fußen, die Ihre Mitarbeiter und Sie teilen können. Schneller, höher, weiter sagt noch nichts über das Wozu, den Sinn, den es braucht, damit Menschen einer Vision folgen wollen. Größen-, Macht- oder Rentabilitätsszenarien sind vielleicht erstrebenswert, aber noch lange keine Vision.

2. Überzeugend kommuniziert:

Eine Vision, hinter der Sie nicht stehen können, hat keine Wirkung. Übernehmen Sie nicht einfach die allgemeine Unternehmensvision, sondern entwickeln Sie eine eigene für Ihren Bereich, die Sie engagiert und überzeugend kommunizieren können. Zeigen Sie auf, wie die Vision erreicht werden kann, drücken Sie Ihre Hoffnung und Ihr Vertrauen in die Fähigkeiten und die Motivation Ihrer Mitarbeiter aus und stecken Sie sie mit Ihrer Begeisterung an.

3. Regelmäßig auf den Prüfstand:

Ich erlebe in Unternehmen meist in etwa folgendes Szenario: Zum letzten Mal gab es vor etwa fünf Jahren einen Workshop, an dem nur einige wenige Führungskräfte teilgenommen und schöne Sätze wie „Der Mensch ist unsere wertvollste Ressource" formuliert und in einem repräsentativen Rahmen ausgehängt haben. Seitdem hängt die Vision im Unternehmen, einige, die an dem Prozess der Visionsentwicklung beteiligt waren, sind schon lange nicht mehr im Unternehmen, viele Neue sind dazugekommen, die nur Worte in einem Rahmen sehen, die für sie keine Bedeutung haben. Erst der Prozess der Entwicklung gibt dem Ganzen eine Bedeutung und einen Sinn.

4. Ergänzen, wenn nötig:

Eine Vision soll im Heute ihre Wirkung entfalten und dabei helfen, Entscheidungen zu treffen, in welche Richtung die nächsten Schritte gehen sollen und welche Optionen außer Acht gelassen werden. Das funktioniert nur dann, wenn Sie sich nicht sklavisch an die Jahre zuvor entwickelte Vision halten, denn Sie werden in dem Zeitraum seit ihrer Formulierung dazulernen, der Markt und sämtliche heute gültigen Voraussetzungen werden sich gemäß des VUKA-Phänomens verändern. Deshalb muss Ihre Vision gegebenenfalls angepasst, geändert und ergänzt werden.

5. Wichtige Rolle im täglichen Doing:
Eine Vision entfaltet ihr Potenzial nur, wenn Sie und Ihre Mitarbeiter sich in jeder strategischen Entscheidung und in allen Handlungen darauf ausrichten. Beginnen und beenden Sie jede Präsentation mit Ihrer Vision. Erinnern Sie immer wieder in Wort und Bild an dieses Fundament Ihrer gemeinsamen Arbeit.

6. Visualisiert:
Dass ein Bild mehr als tausend Worte sagt, ist zwar eine Binsenweisheit, aber dennoch wahr. Damit Ihre Mitarbeiter den Weg zur Vision gehen können, müssen sie ihn „sehen". Vision kommt von „videre", also von sehen. Übersetzen Sie Ihre Vision also in Bilder, Grafiken oder Videos und präsentieren Sie diese immer wieder einmal im Arbeitsalltag, beispielsweise zum Auftakt eines Meetings.

7. Perfektion ist der Tod Ihrer Vision:
Es ist zwar einerseits notwendig, die Entwicklung einer Vision als Prozess zu betrachten, der Zeit und Sorgfalt braucht. Andererseits wäre es schade, wenn Sie bei der Suche nach der perfekten Formulierung „in Schönheit sterben" und jahrelang nicht zu Potte kommen. So wichtig die Qualität Ihrer Vision auch ist: Besser, Sie haben eine nicht ganz perfekte Ausrichtung als gar kein Bild von der erstrebten Zukunft. Es geht letztlich darum, auch Ihrem Müllwagenfahrer damit aufzuzeigen, dass er kein unwichtiges Rad im Getriebe ist, sondern dass er Anteil am „Großen und Ganzen" hat. Entwickeln Sie eine erste grobe Vision, ein „Wozu das alles" bzw. ein Motiv, sich zu engagieren, und leben Sie erst einmal damit. Überprüfen Sie den Praxisnutzen in der täglichen Arbeit mit der Vision und minimieren Sie nach und nach die Kompromisse.

Mit Ritualen füllen Sie Ihre Vision mit Leben

Wenn Sie dann schließlich eine zugkräftige Vision haben, gilt es, sie im Arbeitsalltag mit Leben zu erfüllen und wachzuhalten, wenn sie ihre Wirkung entfalten soll. Eine gute Möglichkeit, genau das zu erreichen, sind Rituale.

Rituale sind selbstverständliche Begleiter unseres Lebens. Ob Hochzeit, Taufe, Beerdigung, das Richtfest beim Hausbau oder die goldene Uhr zum Firmenjubiläum, all das sind Rituale, die einer Begebenheit Bedeutung geben, sie mit Sinn aufladen und Zugehörigkeit zu einer Gemeinschaft ausdrücken. Alle Kulturen aller Zeiten nutzten Rituale, um Menschen auf eine neue Phase ihres Lebens vorzubereiten, ihnen Unsicherheiten zu nehmen und aus einer Gemeinschaft heraus Halt zu geben. Rituale markieren Veränderungen, Neubeginn und Abschied. Gelungene Rituale bleiben in Erinnerung, geben Kraft und Zuversicht, machen Mut und vermitteln Wertschätzung.

Rituale schaffen Inseln der Sicherheit und Zugehörigkeit

Die bewusste Gestaltung von Ritualen ist also eine perfekte Möglichkeit, die seelische Kraft, die Motivation und das Engagement von Mitarbeitern zu fördern. Denn gute Rituale kultivieren eine positive innere Haltung zur eigenen Person und zur Arbeit und unterstützen die gemeinsame Ausrichtung eines Teams auf eine Vision entscheidend.

Sie strukturieren außerdem Prozesse, für die man einen langen Atem braucht, indem sie kleine Inseln zum Krafttanken, Reflektieren und notfalls Nachsteuern schaffen. Sie erinnern uns immer wieder an die Vision, die über allem steht, und motivieren uns deshalb, unverdrossen weiter an der Fertigstellung des komplizierten Puzzles zu arbeiten. Und sie geben – quasi als Botschafter der Vision – der Arbeit auch in schwierigen Zeiten persönlichen Sinn, jenseits der zu erzielenden Boni.

Esoterischer Schnickschnack?

Doch wie sieht es in heutigen Unternehmen aus? Rituale sind dort meist unterrepräsentiert. Dort, wo sie existieren, werden sie häufig als esoterischer Schnickschnack belächelt und als nur zeitraubend abgetan. Schließlich gibt es Wichtigeres zu tun!

Noch vor weniger als hundert Jahren wurden Rituale auch im Arbeitsleben ganz selbstverständlich eingesetzt – vor allem im Handwerk. Sie markierten die Zugehörigkeit zu einer Zunft und beschworen den „Geist“ und den Stolz, aus dem heraus die Zunftmitglieder ihre Arbeit verrichteten. Auch heute gibt es in jedem Unternehmen Rituale, auch wenn man sie vielleicht nicht gleich als solche erkennt, weil sie nicht feierlich zelebriert werden: Wenn es bei Ihnen regelmäßig wiederkehrend ein Meeting zu einem bestimmten Thema gibt, dann ist das ein Ritual. Ebenso das Mitarbeiter-Jahresgespräch oder eine firmeninterne Weihnachtsfeier.

Allerdings sind diese Rituale oft nicht mehr mit Sinn aufgeladen und daher wertlos, wenn es darum geht, eine Vision mit Leben zu erfüllen und Mitarbeiter zu beflügeln.

Viele Rituale sind dem Zeitdruck zum Opfer gefallen. Dabei könnten sie dazu beitragen, dass alle wieder an einem Strang ziehen und dadurch mehr in kürzerer Zeit schaffen.

Wie sehen gute Rituale aus?

Rituale kommen ohne bombastische Inszenierung aus. Ein Ritual, das Ihre Vision und damit Sie selbst und Ihre Mitarbeiter stärkt, sollte folgende Eigenschaften haben:

- Es sollte eine Bedeutung haben und einen Zweck verfolgen.
- Diese Bedeutung muss den Mitarbeitern klar sein.
- Weniger ist mehr. Konzentrieren Sie sich auf das Wesentliche.
- Rituale brauchen Wiederholung in Handlung, Form und Ablauf.
- Rituale haben einen klaren Anfang und ein klares Ende.
- Rituale bestehen nicht nur aus „etwas sagen oder denken“, sondern aus „tun“.
- Ein Ritual soll Emotionen erzeugen, sonst bringt es nichts.
- Rituale müssen wie die Vision „appropriate“ sein und zu Ihnen und der Unternehmenskultur passen, damit es nicht lächerlich und aufgesetzt wirkt.

Einige Leitfragen und Gedanken zur Entwicklung Ihrer Rituale

- Wie stehen Sie zu Ritualen? Sie entfalten nur Wirkung, wenn Sie dahinterstehen können.
- Welche Rituale gibt es schon bei Ihnen? Denken Sie dabei an alles, was sich so sicher wiederholt wie das Amen in der Kirche.
- Welche der vorhandenen Rituale erfüllen einen sinnvollen Zweck, welche haben im Laufe der Zeit ihren Sinn verloren? Schaffen Sie die wertlosen gnadenlos ab, wo immer möglich, oder hauchen Sie ihnen neues Leben ein, indem Sie zumindest einen Teilaspekt daran neu einführen.
- Zu welchem Anlass könnte es künftig sinnvoll sein, ein neues Ritual zu etablieren? Für den Fall, dass Ihnen dazu erst einmal nicht viel einfällt, finden Sie gleich im Anschluss einige Beispiele.
- Welches Ziel verfolgen Sie mit dem neuen Ritual? Beispielsweise könnten Sie Ihre Testergebnisse als Basis für eine Zielformulierung verwenden und sich fragen, welche der „Neins" aus den Tests durch ein Ritual in ein „Ja" verwandelt werden könnten. Denn ein Ritual macht keinen Sinn, wenn es einfach nur nett ist.

So schaffen Sie mit sinnvollen Ritualen Zugehörigkeit

Auch in der täglichen Praxis können Sie unaufwendige Rituale einführen: beispielsweise ein kleiner Umtrunk, wenn ein Projekt erfolgreich abgeschlossen wurde, verbunden mit einem Danke an die Mitarbeiter, die beteiligt waren, oder ein jährlich wiederkehrendes gemeinsames Essen, zu dem Sie die Mitarbeiter nach Abschluss des Geschäftsjahres zu sich nach Hause einladen. Vielleicht kochen Sie auch gemeinsam. Das hat definitiv mehr Kraft und schafft mehr Zugehörigkeitsgefühl als ein noch so aufwendiges und teures Teamevent! Oder Sie starten künftig ein ausgewähltes Meeting damit, dass Sie jeden berichten lassen, was im vergangenen Monat gut gelaufen ist und wie man der Vision ein Stück näher gekommen ist. Die Möglichkeiten sind schier unbegrenzt, kosten Sie oft kaum Vorbereitung und Extrazeit.

Ein letztes Beispiel: Bei vielen Unternehmen, die ich beraten habe, ist es mittlerweile üblich, sich im letzten Jahresquartal für ein oder zwei Tage an einen schönen Ort zurückzuziehen, um über das vergangene Jahr zu reflektieren und Ziele für das nächste Jahr zu formulieren. Schon diese Klausurtagungen sind ein Ritual. Verstärkt wird es noch durch ein zusätzliches Abschlussritual, bei dem wir zusammen ein kraftvolles Motto für das kommende Jahr suchen.

Begrüßen Sie junge Mitarbeiter, die gerade eine Führungsstufe genommen haben, in ihrer neuen Rolle vor dem Team. Es ist etwas anderes, ob jemand nur einen neuen Arbeitsvertrag und ein höheres Gehalt bekommt oder ob er in einem kleinen offiziellen Akt vor der Gruppe „inthronisiert" wird. Auch dazu braucht es kein großes Brimborium.

Führen Sie im „Sweet Spot"

Wenn Sie bei der zunehmenden Komplexität Ihrer Führungsarbeit nicht untergehen wollen, ist die Konzentration auf das Wesentliche notwendig. Und Sie sollten sich die Arbeit so leicht wie möglich gestalten, um erfolgreich zu sein. Dabei unterstützt Sie die Fokussierung auf folgende Themenbereiche:

Vision

Wenn Sie eine klare Vision und eindeutige Ziele haben, die Sie und Ihre Mitarbeiter durch das Dickicht des ständigen VUKA-Wandels leiten, können Sie sich jederzeit rückversichern, ob Sie noch auf dem richtigen, also auf „Ihrem" Weg sind. So erschaffen Sie sich Ihre eigenen Leitplanken.

Führungsstil

Mit dem „königlichen", also resilienzorientierten Führungsstil, beeinflussen Sie entscheidend Ihre eigene und die Gesundheit der Mitarbeiter, weil er zwischen Zuwendung, Unterstützung und positiver Beziehungsgestaltung auf der einen Seite und fordernder Erwartungshaltung, anspruchsvollen Zielen, direkter Kommunikation und klaren Regeln auf der anderen Seite balanciert.

Persönlichkeit

Wenn sowohl Führungskraft als auch Mitarbeiter sich ihres Verhaltens bewusst sind und sie ihre Impulse steuern können, wenn sie resilient sind, dann gibt es wenig Reibungsverluste, Konflikte werden minimiert und die Produktivität steigt.

Gestaltbare Rahmenbedingungen

Hiermit sind nicht die von jedem Unternehmen vorgegebenen unveränderlichen Rahmenbedingungen gemeint, sondern solche, die Sie beeinflussen können, wie zum Beispiel die Verteilung der Aufgaben passend zu den Kompetenzen der Mitarbeiter.

Vision

- Ausrichtung auf einen Leitstern
- Zugehörigkeits- und Gemeinschaftsgefühl
- Geteilte Normen und Werte
- Vorlage für VUKA-Puzzle
- Rituale
- Leitplanken für die tägliche Arbeit

Führungsstil

„Königsweg“: transaktional plus transformational

transaktional:

- Management by Exeption aktiv
- Bedingte Belohnung

transformational:

- idealisierter Einfluss
- intellektuelle Stimulierung
- individuelle Mitarbeiterorientierung

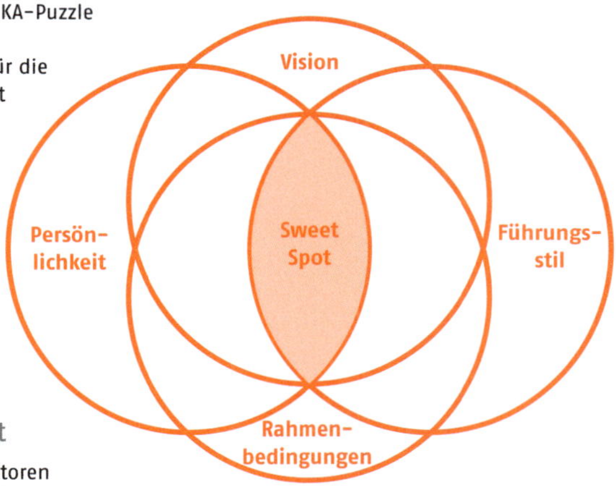

Persönlichkeit

- 11 Resilienzfaktoren
- Bewusstheit über inneren Motor und seine Stromzufuhr
- Selbstachtsamkeit
- Kompetenzen

Gestaltbare Rahmenbedingungen

- Geklärte Verantwortlichkeiten und eindeutig zugeordnete Kompetenzen
- Ressourcen (zeitlich, räumlich, materiell, personell)
- Prioritätensetzung
- Leistungsstandards
- Arbeitsbedingungen
- Arbeitsumfeld

Wenn die vier Bubbles „Vision“, „Führungsstil“, „Rahmenbedingungen“ und „Persönlichkeit“ Schnittstellen aufweisen, ergibt sich an der Stelle, an dem sich alle vier Themenkreise überschneiden, ein „Sweet Spot“. Das ist der Punkt, an dem sich Arbeit „süß“ anfühlt und keinerlei Anstrengung bedeutet, weil alles zusammenpasst, was zusammengehört. Arbeiten in diesem optimalen Bereich erhält gesund und macht Freude. Je größer die Überschneidungen der vier Bubbles sind, je größer also die Schnittmenge ist, desto größer wird auch der Sweet Spot und damit die Leichtigkeit der Arbeit. Das setzt natürlich voraus, dass die vier Bereiche möglichst umfassend und gleichgewichtet umgesetzt werden.

Völlige Deckungsgleichheit wird es in der Praxis nie geben, aber Sie bekommen beim Blick auf die Grafik einen ganz guten Anhaltspunkt, wo Sie ansetzen müssen, um den Sweet Spot zu vergrößern und Ihnen und Ihren Mitarbeitern die Arbeit zu erleichtern.

Überprüfen Sie dazu,

- welche Bubbles bei Ihnen schon vorhanden sind und welche Teilaspekte der einzelnen Themenkreise noch fehlen,
- ob Ihre Teammitglieder untereinander ein gemeinsames Verständnis von der Bedeutung der Bubbles haben,
- ob das Verständnis Ihres Teams sich mit Ihrem deckt,
- wie die einzelnen Bubbles zueinanderpassen.

Kommen Sie dazu mit Ihren Mitarbeitern ins Gespräch. Denn wenn alle das gleiche Verständnis haben, die Bubbles gelebte Praxis sind und zueinanderpassen, können Sie alle im Sweet Spot arbeiten. Wenn allerdings jeder eine andere Vorstellung hat, es an grundlegenden Teilaspekten fehlt oder die Bubbles nicht zueinanderpassen, es also keine Schnittmenge gibt, wird der Sweet Spot verfehlt und Arbeiten anstrengend.

3.3 Wann ist ein Mitarbeiter psychisch überlastet? Diagnose und Hilfe

„In dem Augenblick, in dem ein Mensch den Sinn und den Wert des Lebens bezweifelt, ist er krank!“

SIGMUND FREUD

Wie Sie sich selbst und den Mitarbeitern den Rücken stärken, Resilienz entwickeln und fördern – dazu haben Sie in diesem Buch einige Hinweise bekommen. In diesem letzten Kapitel geht es jetzt darum, herauszufinden, ob einige Ihrer Mitarbeiter „schon in den Brunnen gefallen sind“, ob sie Anzeichen von psychischer Erschöpfung oder gar Krankheit zeigen, ob Handlungsbedarf von Ihrer Seite besteht und was Sie als Führungskraft tun können.

Laut einer Befragung von 10.000 Führungskräften der Freiburger Unternehmensberatung Saaman über einen Zeitraum von fünf Jahren zeigen immerhin 45 Prozent aller Manager Anzeichen schwerer Erschöpfung – ein Hauptsymptom von Burn-out. Sind diese Manager deshalb psychisch krank? Nein, nicht unbedingt. Aber länger andauernde psychische Erschöpfung verbraucht das individuell zur Verfügung stehende Maß an Resilienz.

Wenn dann neben den „normalen“ Phasen, in denen besonders viel Stress herrscht – wie nahende Abgabetermine, zu viele Aufträge und unvorhergesehene Probleme –, auch noch erhöhter Druck von innen heraus dazukommt, ist die Resilienz in Gefahr, komplett zu kollabieren.

Der Druck aus dem eigenen Inneren kann erheblich sein und verbraucht durch den Verarbeitungsprozess von beispielsweise Einsamkeit nach dem Scheitern der Ehe, Anfeindungen, Demütigungen und eskalierenden Konflikten im Kollegenkreis oft den Rest der zur Verfügung stehenden Widerstandskraft.

Gerade Ihre besonders engagierten und ehrgeizigen Mitarbeiter wissen, dass sie nicht weiterkommen, wenn sie schwach wirken. Sie werden nach außen eine perfekte Fassade zeigen, die tough wirkt und Selbstsicherheit und Souveränität zur Schau stellt. Doch dahinter verbergen sich auch bei gesunden Menschen Unsicherheiten, Ängste und Zweifel. Das ist ganz normal; gefährlich und kräfteaushöhlend werden diese versteckten Gefühle allerdings dann, wenn sie nirgendwo mehr risikolos gezeigt werden können und dauerhaft in Schach gehalten werden. Ist das Privatleben und damit die vertrauensvolle Beziehung zu Freunden oder dem Partner dem stressigen Arbeitsalltag zum Opfer gefallen, kann das schnell passieren.

Dann taucht schließlich erst Resi, die Resignation, auf, dann winkt Börni, der Burn-out, und schließlich ist eine echte psychische Erkrankung nicht mehr fern. Und die geht nicht einfach so wieder weg.

Natürlich kann es auch vorkommen, dass ein Mitarbeiter sich deshalb erschöpft, weil er es aufgrund einer schon vorher bestehenden Erkrankung nicht schafft, rechtzeitig gegenzusteuern. Das wäre dann die Frage nach der Henne und dem Ei: Was war zuerst da, erst der Stress, dann die Erschöpfung, noch mehr Stress und daraus resultierend eine Erkrankung oder umgekehrt erst eine Erkrankung, die Stressempfindlichkeit zur Folge hat und in totale Erschöpfung mündet?

Wie auch immer: Ihre Aufgabe ist es nicht, jetzt auch noch Therapeut zu werden! Sie müssen nicht wissen, warum und wieso einer Ihrer Mitarbeiter nicht mehr leistungsfähig ist. Aber es gehört zur Fürsorgepflicht einer Führungskraft, Anzeichen für ein gravierendes Problem zu bemerken und sich darum zu kümmern, dass der betreffende Mitarbeiter Hilfe bekommt!

Frühwarnzeichen für psychische Erkrankungen

Eine psychische Erkrankung ist kein „Makel“, keine „Schwäche“, nichts, dessen man sich schämen müsste. Psychische Erkrankungen können jeden treffen, unabhängig von Alter, Beruf und Geschlecht. Viele Menschen weigern sich jedoch, auch nur in Erwägung zu ziehen, dass auch sie zu den Betroffenen gehören könnten, ignorieren sämtliche Alarmsignale ihres Körpers und hoffen darauf, dass der nächste Urlaub alles wieder ins Lot bringt. Und mit dieser Einstellung begeben sie sich tiefer in den Sog der Erkrankung, dem sie irgendwann nur noch mit professioneller Hilfe entkommen können. Deshalb sollten Sie nicht erst eingreifen, wenn ein Mitarbeiter wirklich psychisch krank ist, sondern schon dann, wenn er Erschöpfungsanzeichen zeigt.

Bei einem Coaching berichtete mir ein Manager völlig konsterniert, dass er vor einigen Tagen einen seiner Mitarbeiter schlafend auf dem Schreibtisch angetroffen habe. Mit Ringen unter den Augen, Dreitagebart und Alkoholfahne ... Und das, nachdem er ihn schon mehrfach vorher hatte ermahnen müssen, weil er ständig unpünktlich zur Arbeit gekommen war, keinen Termin mehr halten konnte und auch noch patzige Antworten gab. Auf meine Frage, wie er mit dieser Situation umgegangen sei, sagte er: „Ich bin einfach aus dem Zimmer gegangen." Ich: „Haben Sie ihn denn darauf angesprochen?" Er: „Nein." Ich: „Warum denn nicht?" Er: „Ich wusste nicht, was ich sagen soll. Und ich war mir nicht sicher, ob ich das überhaupt darf. Ich will schließlich keinen Ärger mit dem Betriebsrat."

Möglicherweise hat der Mitarbeiter tatsächlich eine wilde, durchzechte Nacht hinter sich. Dann hätte er sich am nächsten Tag wieder „fangen" müssen, und eine Entschuldigung wäre wohl angebracht. Nach der Vorgeschichte scheint das aber nicht plausibel. Es scheint eher, dass der Mitarbeiter schon seit Längerem an einer psychischen Erkrankung zu knabbern hat; einige der folgenden Frühwarnzeichen sprechen dafür:

- Ihr Mitarbeiter wirkt häufig niedergeschlagen.
- Er ist lustlos, immer müde und ohne Antrieb. Gerade Schlafstörungen sind ein wichtiges Frühwarnzeichen!
- Er arbeitet immer langsamer und schafft sein Pensum nicht mehr.
- Wenn Sie ihn darauf ansprechen, reagiert er „über"; er ist schnell beleidigt, tief getroffen, und vielleicht fließen sogar Tränen.
- Als Folge zieht er sich noch mehr in sich zurück.
- Soziale Kontakte pflegt er nicht mehr, isoliert sich von seinen Kollegen.
- Wenn Sie ihn ansehen, fällt Ihnen vielleicht seine starre Miene und sein ausdrucksloser Blick auf.

- Oder er ist zunehmend unruhig, kann nicht still sitzen und entwickelt „Ticks“.
- Möglicherweise beobachten Sie auch Veränderungen an seinem Äußeren: Der Mitarbeiter wirkt zunehmend ungepflegter, rasiert sich nicht mehr, achtet nicht mehr auf saubere, ordentliche Kleidung.
- Immer wieder fehlt er mal einen Tag, die Intervalle dazwischen werden immer kürzer.

Was können Sie als Führungskraft tun?

Den ersten großen Schritt tun Sie, indem Sie Ihre Mitarbeiter aufmerksam beobachten und auf die oben genannten oder ähnliche Anzeichen achten. Den zweiten Schritt tun Sie, indem Sie nicht ignorieren, was Sie sehen oder erleben. Sprechen Sie den Mitarbeiter an! Fragen Sie ihn, was mit ihm los ist! Die Situation wird sich nicht in Wohlgefallen auflösen, indem man sie unbeachtet lässt.

Möglicherweise sind Sie gerade etwas irritiert von der Vorstellung, dass es „in echt“ solche Situationen wie mit dem auf dem Tisch schlafenden Mitarbeiter geben könnte, weil Sie solche Mitarbeiter nicht haben. In diesem Fall gratuliere ich Ihnen! Ich kann Ihnen aber versichern, dass mir solche und ähnliche Fälle täglich in der Praxis begegnen. Und immer wieder erlebe ich große Hilflosigkeit bei den Führungskräften, die damit umgehen müssen ...

Hier ein zweites Beispiel:

Eine Divisionsleiterin berichtete mir, dass ein ihr nachgeordneter Manager nicht wusste, was er tun sollte, als eine seiner Mitarbeiterinnen nach einer schlechten Bewertung im Jahresgespräch in Tränen ausbrach und sagte: „Da kann ich ja gleich aus dem Fenster springen.“ Die Reaktion der beiden Führungskräfte: Keine! Beide sagten dazu nichts ...

Wenn ein Mitarbeiter vor Ihnen in Tränen ausbricht oder Kollegen oder Ihnen gegenüber von Selbstmord spricht – scherzhaft verpackt oder nicht –, nehmen Sie die Sache ernst! Machen Sie ihm klar, dass Sie ihn unterstützen möchten, aber dass Sie die Verantwortung nicht übernehmen können, und bitten Sie ihn, Rat und Hilfe in der psychosozialen Beratungsstelle im Haus zu suchen. Sagen Sie ihm auch, dass Sie zur Sicherheit und als Teil Ihrer Fürsorgepflicht mit der HR-Abteilung sprechen werden. Denn auch wenn ein Mitarbeiter „über"reagiert, schnell beleidigt und tief getroffen ist, vielleicht sogar Tränen fließen, kann das ein erstes Anzeichen für eine ernste Krise sein.

Wie oben schon gesagt, ist es nicht Ihre Aufgabe, die Verantwortung für den Mitarbeiter zu übernehmen, aber Sie müssen reagieren und zumindest ein Gesprächsangebot machen. Stecken Sie nicht den Kopf in den Sand, wenn es in Ihrer Abteilung „menschelt", stehen Sie emotionalen Ausbrüchen und Tränen nicht wortlos gegenüber. Es ist Teil Ihres Jobs. Wenn Sie sich damit verständlicherweise überfordert fühlen, nutzen Sie eines der zahlreichen Weiterbildungsangebote, die auf solche Situationen vorbereiten. Oder wenden Sie sich an mich bei Bedarf, ich coache Sie da durch :-).

Darüber hinaus können Sie Ihre Mitarbeiter außer auf den psychosozialen Dienst, die „Social Counceling"-Stelle oder wie auch immer sich der entsprechende Bereich bei Ihnen nennt, der mit solchen Situationen umzugehen weiß, auch auf externe Unterstützungsangebote aufmerksam machen. An der Johannes-Gutenberg-Universität in Mainz gibt es zum Beispiel eine „Resilienz-Ambulanz", die sich um Ihren Mitarbeiter kümmern kann.

Zum Schluss

Liebe Leserin, lieber Leser,

danke, dass Sie mir bis hierhin gefolgt sind!

Zum Abschluss möchte ich Ihnen viel Glück und Erfolg wünschen und dass Sie jeden Tag mindestens einen Grund für ein zufriedenes Lächeln und ein stolzes Gefühl finden!

Zu gerne würde ich erfahren, ob Sie dieses Buch unterstützen wird, Ihre Herausforderungen zu meistern, oder ob es sogar schon an der einen oder anderen Stelle nützlich war und eine Erleichterung in einer schwierigen Situation bewirken konnte. Schreiben Sie mir gerne an mail@katharina-maehrlein.de, ich freue mich auf Ihre Rückmeldung.

Ich wünsche mir und Ihnen, dass Ihre Gesundheit und die Ihrer Mitarbeiter in Ihrem Unternehmen einen gebührend hohen Stellenwert bekommt, wenn dies aktuell noch nicht der Fall sein sollte.

Gesunde Unternehmen und leistungsfähige Mitarbeiter brauchen mehr als die obligatorische Rückenschule und den Obstkorb. Dennoch sind das mancherorts noch immer die einzigen Angebote zum Thema.

Und sie fokussieren außerdem eher auf den körperlichen Aspekt von Gesundheit. Die „artgerechte Haltung" der Seele am Arbeitsplatz, die Prävention von psychischen Erkrankungen und der Umgang mit seelisch erkrankten Mitarbeitern werden häufig noch ausgeblendet und tabuisiert. Im besten Fall werden zusätzlich einzelne Maßnahmen wie Resilienztrainings, Stressbewältigungskurse oder Yogagruppen durchgeführt.

Dies sind aus meiner Sicht durchaus wirkungsvolle Unterstützungsangebote, die als flankierende Maßnahmen effektiven Nutzen stiften können. Werden sie aber nicht in ein durchdachtes Gesamtkonzept eingebettet, welches unter anderem auch Rahmenbedingungen, strategische Ausrichtung und die Kultur des Unternehmens in den Fokus nimmt, werden diese einzelnen Maßnahmen nicht nur wirkungslos verpuffen, sondern außerdem zur Demoralisierung der Mitarbeiter beitragen.

Denn mit dieser Herangehensweise wird die Verantwortung auf die Mitarbeiter abgewälzt und ein falsches, kontraproduktives Signal übermittelt, nämlich: „Es ist allein dein Job, deine Widerstandskraft zu erhalten und leistungsfähig zu bleiben, lieber Mitarbeiter.“

Auch wenn wir in diesem Buch zusammen auf die Aspekte fokussiert haben, die in Ihrem eigenen Verantwortungsbereich liegen, ist mir bewusst, dass es strukturelle Bedingungen gibt, die Ihnen die Umsetzung erschweren können. Ich drücke Ihnen die Daumen, dass Sie einen Weg finden, das Beste aus der Situation zu machen, und dass Sie bei allen Widrigkeiten guten Mutes bleiben und Ihre innere Zufriedenheit finden.

Machen Sie es gut und vielleicht bis bald irgendwo, irgendwann.

Du musst das Leben nicht verstehen,
dann wird es werden wie ein Fest.
Und lass Dir jeden Tag geschehen
so wie ein Kind im Weitergehen
von jedem Wehen
sich viele Blüten schenken lässt.

Sie aufzusammeln und zu sparen,
das kommt dem Kind nicht in den Sinn.
Es löst sie leise aus den Haaren,
drin sie so gern gefangen waren,
und hält den lieben jungen Jahren
nach neuen seine Hände hin.

RAINER MARIA RILKE

Literatur

Bücher

Bernard Bass, Bruce Avolio, „*Improving Organizational Effectiveness through Transformational Leadership*“, SAGE Publications, Inc, Thousand Oaks, 1993

Arnold R. Beisser, „*Wozu brauche ich Flügel. Ein Gestalttherapeut betrachtet sein Leben als Gelähmter*“, Edition Gestalt-Institut Köln / GIK Bildungswerkstatt im Peter Hammer Verlag, Wuppertal, 2002

Felix von Cube, Klaus Dehner, Andreas Schnabel, „*Führen durch Fordern. Die BioLogik des Erfolgs*“, Piper, München, 2003

Antonio R. Damasio, „*Descartes' Irrtum: Fühlen, Denken und das menschliche Gehirn*“, List / Ullstein Buchverlage, Berlin, 3. Aufl. 2006

Stefan Dörr, „*Motive, Einflussstrategien und transformationale Führung als Faktoren effektiver Führung*“, Rainer Hampp, München und Mering, 2008

Arno Gruen, „*Der Verrat am Selbst: Die Angst vor Autonomie bei Mann und Frau*“, Deutscher Taschenbuch Verlag, München, 19. Aufl. 2008

Anselm Grün, „Das Buch der Lebenskunst“, Herder, Freiburg i.Br., 8. Aufl. 2013

William Hart, „*Die Kunst des Lebens: Vipassana-Meditation nach S.N. Goenka*“, Deutscher Taschenbuch Verlag, München, 2006

Robert House, Paul Hanges, Mansour Javidan, Peter Dorfman, Vipin Gupta, „*Culture, Leadership, and Organizations: The GLOBE Study of 62 Societies*“, SAGE Publications, Inc, Thousand Oaks, 2004

Gerald Hüther, „*Biologie der Angst. Wie aus Streß Gefühle werden*“ (Sammlung Vandenhoek), Vandenhoek & Ruprecht, Göttingen, 12. Aufl. 2014

Katharina Maehrlein, „*Die Bambusstrategie. Den täglichen Druck mit Resilienz meistern*“, GABAL, Offenbach, 2012

Katharina Maehrlein (Herausgeberin), „*Soul@Work. Kraftvolle Unternehmen, kraftvolle Führungskräfte, kraftvolle Mitarbeiter*“, GABAL, Offenbach, 2015

Anne Katrin Matyssek, „*Stark im Job. Wie Sie Ihre psychische Gesundheit schützen*“, Junfermann, Paderborn, 2012

Ulrich Ott, „*Meditation für Skeptiker: Ein Neurowissenschaftler erklärt den Weg zum Selbst*“, O.W. Barth, München, 2010

Ariadne von Schirach, „*Du sollst nicht funktionieren: Für eine neue Lebenskunst*“, J. G. Cotta'sche Buchhandlung Nachfolger, Stuttgart, 2014

Chade-Meng Tan, „*Search Inside Yourself: Das etwas andere Glücks-Coaching*“, Arkana, München, 2012

Paul Watzlawick, „*Anleitung zum Unglücklichsein*“, Piper, München, 19. Aufl. 2011

Matthias Wengeroth, „*Das Leben annehmen: So hilft die Akzeptanz- und Commitmenttherapie (ACT)*“, Hans Huber, Bern, 2. Aufl. 2013

Zeitschriften/Studien

Geo Kompakt: „Wege aus dem Stress“, Ausgabe 40/2015

Zeitschrift für Personalforschung: Ina Zwingmann (TU Dresden), Jürgen Wegge (TU Dresden), Sandra Wolf (Innsicht – entdecken und entwickeln GbR), Matthias Rudolf (TU Dresden), Matthias Schmidt (Hochschule Zittau/Görlitz),1 Peter Richter (TU Dresden), „Is Transformational Leadership Healthy for Employees? A Multilevel Analysis in 16 Nations [PDF]”, in:, 28 (1–2), 24–51, 2014

Studie „Resilience – Wie es um Führung, Flexibilität und strategische Weitsicht in Unternehmen bestellt ist“, 8. International Executive Panel von Egon Zehnder International, 2010

Stichwortverzeichnis

Über die Autorin

Katharina Maehrlein hat nach ihrer Ausbildung zur Ergotherapeutin, dem Studium der Psychologie, Soziologie und Publizistik und ihrem Masterstudiengang mit Abschluss Master of Science im systemisch-analytischen Coaching in den letzten 19 Jahren über 30.000 Menschen trainiert und gecoacht.
Die in Taunusstein lebende Expertin für innere Kraft ist Bestsellerautorin mit Ihrem Buch „Die Bambusstrategie – Den täglichen Druck mit Resilienz meistern" und Autorin von zahlreichen Fachartikeln in Print- und Onlinemedien. Sie begeistert ihre Teilnehmer mit humorvoll-erkenntnisreichen Impulsvorträgen, Seminaren und Coachings, bei denen sie wissenschaftlich untermauerte Erkenntnisse aus der Hirnforschung und der Psychologie mit ihrer persönlichen Philosophie verbindet. Sie berät zahlreiche Unternehmen zu den Themen „gesund führen", „Resilienz" und „Stressbewältigung". Sie ist Lehrtrainerin für Neurolinguistisches Programmieren, hat zahlreiche Zertifizierungen zur Anwendung wissenschaftlich abgesicherter und international anerkannter Persönlichkeits- und Stressmodelle und hat darüber hinaus mehrere eigene wirkungsvolle Instrumente zur Stärkung der Persönlichkeit entwickelt (ChiPS®, Status-Signal-System, die Bambusstrategie®). An der Hochschule Rhein-Main lehrte sie im Fachbereich International Business Administration das Fach Personalmanagement.
Katharina Maehrlein ist Gründerin und Vorstandsvorsitzende von „Stark wie Bambus – Initiative zur Förderung psychischer Gesundheit und Lebensqualität in der Arbeitswelt e.V." und veranstaltet jährlich deren Kernveranstaltung, den Soul@Work Kongress.

www.katharina-maehrlein.de, www.stark-wie-bambus.de, www.soulatwork-kongress.de

Buchungsanfragen für Vorträge, Seminare und Coaching in Deutschland, Österreich und der Schweiz bearbeitet Frau Maehrleins Agentur Premium Speakers.

Ansprechpartnerin Frau Diana Hanghofer
E-Mail: diana.hanghofer@premium-speakers.de
Tel.: +49 (0)69 9450 72 717

PREMIUM SPEAKERS